恐龙世界 白垩纪

主编◎ 韩雨江 孙 铭 徐 波

吉林科学技术出版社

图书在版编目（CIP）数据

恐龙世界. 白垩纪 / 韩雨江, 孙铭, 徐波主编. --
长春：吉林科学技术出版社, 2017.7
ISBN 978-7-5578-0695-8

Ⅰ.①恐… Ⅱ.①韩… ②孙… ③徐… Ⅲ.①恐龙—
青少年读物 Ⅳ.①Q915.864-49

中国版本图书馆CIP数据核字(2016)第104684号

KONGLONG SHIJIE · BAI'EJI

恐龙世界·白垩纪

主　　编　韩雨江　孙　铭　徐　波
出 版 人　李　梁
责任编辑　万田继　李思言
封面设计　长春市创意广告图文设计有限公司
制　　版　长春市创意广告图文设计有限公司
开　　本　710 mm×1 000 mm　1/16
字　　数　100千字
印　　张　9
印　　数　10 001-15 000册
版　　次　2017年7月第1版
印　　次　2018年6月第2次印刷

出　　版　吉林科学技术出版社
发　　行　吉林科学技术出版社
地　　址　长春市人民大街4646号
邮　　编　130021
发行部传真 / 电话　0431-85635176　85651759　85635177
　　　　　　　　　　　　　　　85651628　85652585
储运部电话　0431-86059116
编辑部电话　0431-85610611
网　　址　www.jlstp.net
印　　刷　长春百花彩印有限公司

书　　号　ISBN 978-7-5578-0695-8
定　　价　19.80元

目录

第一章　进化分明的早白垩世 / 6

目录

第二章　晚白垩世的鼎盛与覆灭／54

第一章

▲ ▲ ▲

进化分明的
早白垩世

始暴龙

始暴龙的化石是在英格兰怀特岛的韦尔登群岛威塞克斯组发现的。根据这些化石可以看出，它们生活在距今1.3亿年前，但却与暴龙有相似的特征。怀特岛地质博物馆馆长孟特指出，暴龙出现在距今大约7000万年至6000万年前，而那时，始暴龙的骨骸化石已有5500万年的历史了。始暴龙是暴龙进化史上重要的一环，其化石填补了暴龙家谱的缺口。

★ **灵活驾驭**　始暴龙的前肢细长，主要是俯卧时起支撑作用的，与暴龙差不多，但其前肢比暴龙大。始暴龙的后肢肌肉尤为发达，伸拉能力强，甚至能跳跃，令它们奔跑的速度加快。

一根骨头的重大发现

1997 年在纽波特附近的布莱史东村山崖顶，蓝恩发现了一根恐龙骨化石。这根骨头引起了古生物界的种种猜测。经过古生物学家 4 年的挖掘，才找齐这些化石，从而验证了始暴龙非常特殊的"身份"。

独有的颈椎 始暴龙最大的特征是它较长的颈椎，这是后期暴龙类中所没有的。颈椎是脊柱椎骨中体积最小，但灵活性最大、活动频率最高和负重较大的节段。就是这灵活的颈椎使始暴龙平衡身体，可全速追赶猎物。

无敌利齿 始暴龙的前上颌骨牙齿向后弯曲，有"D"形横剖面，后侧有明显棱脊和往后弯曲的特点，防止始暴龙咬合时牙齿陷入猎物身体内过深。

★ **成锐角的脖颈** 重爪龙的脖子不像其他兽脚类恐龙一样呈字母"S"形，而是转成一个锐角，对它来说更有利于捕食。

★ **镰刀般的巨爪** 重爪龙的前肢粗壮有力，前掌上还各长有一个0.3米多长的大拇指，弯曲得像一柄镰刀，加上锐利的尖端，会轻松迅速地扎进猎物体内。

重爪龙

在白垩纪早期，欧洲北部大大小小的冲积平原和三角洲的水流都一并汇入一片浩森的水域，重爪龙就悠闲地在此处栖居着。1983 年，来自美国的业余化石研究者，威廉·沃克在英国的萨里郡附近发现了一块超过 0.3 米长的巨大指爪化石，彻底震惊了古生物界。为了表彰威廉·沃克所做的贡献，古生物学家就将这种新属恐龙的模式种命名为"沃氏重爪龙"。

捕鱼专家 研究人员在重爪龙标本的胃里发现了大量的鱼鳞和鱼骨化石，说明它的主食是鱼，所以住所一定比邻湖水或湖边。它的利爪会像叉子一样轻松刺进鱼儿体内，然后隐退到树丛中美餐一顿。

转折的"关卡" 重爪龙的牙齿呈圆锥形，不同于普通食肉恐龙的餐刀形，共有 96 颗。鼻子上方是一个小冠状物，下方则长有一个转折区间，可防止到口的猎物逃脱掉。

犹他盗龙

★ **致命的趾爪** 犹他盗龙的第二脚趾好似一柄镰刀，被肌腱控制高抬而脱离地面，以维持趾爪锋利。当这柄"镰刀"完全出鞘后，可长达23厘米甚至38厘米。在捕猎时，犹他盗龙可能首先会跳到猎物身上，继而弹出爪子，狠狠刺入猎物体内，使对方毙命。

我们的主角——犹他盗龙，和重爪龙大致生活在同一时期，并都有似镰刀的无敌利爪，不同的是犹他盗龙的巨爪长在脚上。犹他盗龙在驰龙家族中占有重要位置，通常以野蛮的"群殴"方式在宽广的平原上肆意攻击猎物。另外，它们还有很高的智商，可谓"文武双全"，因而被其他恐龙视为最危险的掠食者之一。

尾巴的"倔强" 犹他盗龙的尾巴就像一根坚硬的骨棒，是它们高速奔跑时重要的平衡器。看图中被禽龙类咬住的犹他盗龙，它的尾巴已经被咬断，即便活下来，生活也会非常艰难的。

睿智的大脑 为什么说犹他盗龙很聪明呢？因为当研究人员对其颅腔断层进行扫描时，发现其大脑中心很大，由此断定它的智力要比恐龙的平均水平高，而且具有一定的认知力和处理事物的能力。

狡猾的"战术" 虽然犹他盗龙"武功高强"，但这些"聪明龙"大多数时候是用智取的方式来对敌的，如制订作战计划：单只犹他盗龙会正面对敌，余下的伙伴则进行包抄进攻。由此可见，犹他盗龙的确是出色的"智者"。

寐龙

莎翁笔下的哈姆雷特曾经说过:"死即睡觉,它不过如此!倘若一眠能了结心灵之苦楚与肉体之百患,那么,此结局是可盼的!"没想到这一幕却在亿万年前的辽西应验。寐龙是首次发现死前处于睡眠状态的恐龙化石,这是人们第一次看到恐龙的睡姿。此前,辽西的大多数化石都保持着"死姿",而像寐龙这样以三维形式近乎完美地保存下来的化石却不多见。

★**脚上"杀手爪"** 和所有的恐爪龙类和伤齿龙类一样,寐龙脚上的第二趾也有一个锋利的大爪,能够牢牢抓住猎物。配合那细小的身体,它可以在石缝和树洞等大恐龙难以涉足的地方高效率地捕食。

让人激动的发现

2004 年，正在对辽西化石群进行发掘的中国古生物研究人员在辽宁省北票市发现了寐龙的骨骼化石。徐星教授曾激动地回忆说："我们从未期望会发现一只睡觉的恐龙，更别说它还是蜷曲的姿势。"

大眼看四方 寐龙有着硕大的眼眶，表明它拥有卓越的视力，可以在日间甚至黎明或黄昏等昏暗环境下觅食，还可以帮助它们发现藏匿在树洞里的猎物。

优雅的睡眠姿势 寐龙的体态和睡眠状态都与现代鸟类相似。其头蜷缩在翅膀之下，面部伏在其中一只前肢之后，减少了散热表面积，有利于抵御体温下降的寒夜。这种行为与鸟类类似，说明这两种动物有共同的祖先。

★**中空"脆骨"** 透过长羽盗龙娇小的身体，能够看见它中空的骨骼，内部全无次生加厚结构，骨壁约有1毫米厚，可以很好地减轻体重。

★**丰满的腿部** 长羽盗龙的双腿生有长长的羽毛，丰满之余也令其看上去像一对翅膀，古生物学家将其命名为"后翅"。

长羽盗龙

很多恐龙都已经有羽毛了，那距离翱翔蓝天还会远吗？最近古生物界发生了一件大事，一种新属有羽恐龙在辽宁省被发现了，这只恐龙是迄今为止发现的体型最大的四翼恐龙——长羽盗龙。长羽盗龙的特色尾羽会帮助它轻巧地降落。

飞行佐证　2014年，来自英国《自然通讯》杂志的一篇文章称，长羽盗龙这只驰龙类新属恐龙在辽宁省建昌县出土，是目前为止所发现的有最长尾羽的恐龙，侧面证明了部分驰龙类恐龙和鸟类一样可以飞行。

长尾显神通　结合空气动力学的知识，我们得知长羽盗龙的尾羽会令它获得额外升力，从而助它飞行，而低长宽比会减小升阻比。所以这条长长的尾巴会辅助长羽盗龙在空中迅速"刹车"和稳妥降落。

小盗龙

★**后翼的用途** 小盗龙后翼的用途目前众说纷纭，有学者认为它能在日常滑翔中起到辅助作用，有学者则认为它主要用于体温调节或展示上。

20世纪三四十年代，在古生物界出现了一种假说，即鸟类的进化过程中有一个四翼阶段，可惜没找到相关的化石来证明，直到小盗龙的出现。这只奇特的恐龙生存在距今约1.25亿年至1.2亿年前，是目前已知的最小恐龙之一。它那特别的翼部构造不仅引起了学者对现生鸟类飞行起源的讨论，还论证了下面的观点：现生鸟类可能都从四翼或从生有长足部羽毛的动物演化而来。

长尾控方向 小盗龙虽然长得小，尾巴可是很长的，尾椎发达的骨化肌腱也令尾巴伸直，因而在水平方向上具有高度灵活性，那些翩翩的尾羽也可协助控制方向。

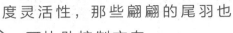

猎杀的辅助帮手 小盗龙的每根长羽前缘都窄于后缘，形成的流线型构造会减少空气阻力，令它更容易飞行。它腓骨上的羽柄（羽轴的半透明部分）垂直于背部，在捕猎时可以降低飞行速度，起到刹车的作用。

神秘的光芒 小盗龙是目前发现的最早的身上有彩虹色光泽的恐龙。请想象一下：在密林的一隅，太阳光穿过树叶折射下来，落在几只小盗龙身上，使一束黑蓝相间的神秘光芒时而闪烁，上演着转瞬即逝的美丽。

北票龙

1997年，辽宁省北票市附近发现的一件化石，为古生物界揭开了生存在距今约1.2亿年前的白垩纪恐龙——北票龙的神秘面纱！从化石上的皮肤迹象来看，北票龙的身体覆满类似绒羽的毛发，就如同已发现的中华龙鸟的羽毛。

★奇妙的"袋喉囊" 你知道长有长尖嘴的鹈鹕吗？它的嘴巴下面是一个又宽又大的袋喉囊，由下颌与皮肤相连而成，能够自由伸缩且储存食物。我们的北票龙也长有这个构造，帮助它储存一时吃不完的植物，避免了"饥一顿，饱一顿"的生活。

不同的分工 北票龙两种形态的羽毛都不是飞羽。其中一种形态的羽毛具有隔热功能，而另一种则具有视觉辨识的功效，在追求异性或与其他北票龙交流时发挥作用。

堪用的指爪 想要真正了解北票龙，那你一定要见识它的 3 个巨大指爪，其中第二指爪最长。学者推测这些大爪是北票龙抵抗掠食者的绝密武器，或用来将植物送入口中。另有一些研究者认为北票龙的食物其实是白蚁，那 3 根大指爪就是帮助它掘开白蚁家的。

隐身"大衣" 想要隐身？那你就要脱掉时尚的外衣，与周围的环境融为一体。当然人类是不需要为躲避敌人而"消失"的，但是像北票龙这样的植食性恐龙就需要伪装了，我们称之为"保护色"。它可能就穿有类似的"隐身衣"，保护自己免受肉食恐龙的袭击。

21

★**坚硬的头颅骨** 尾羽龙的头骨短且方，末端还有类似喙的结构，整体而言，这个脑袋比较坚硬，会在打斗时保护脑内软组织。

★**矫健的英姿** 尾羽龙的后肢很长，身体也非常结实，也许同样是位具有奔跑能力者。有些学者认为尾羽龙其实是一种已经丢掉飞行技能的"大鸟"，与我们今天看到的鸵鸟和鸸鹋很像，跑起来就像鸵鸟一样威风凛凛。

尾羽龙

1997年，古生物学家在中国辽宁省发现了一块意义非凡的化石。起初这件标本被归于鸟类，可经过仔细研究后，确认它属于恐龙化石。这只新发现的恐龙的最特别之处就是尾端有一柄极美的羽扇，虽然无法像孔雀开屏那么绚烂夺目，但也是在恐龙家族中脱颖而出的辨识法器。它就是美丽非凡的尾羽龙。

突出的门牙

除上颌前端伸出一些锐利的长牙齿外，几乎看不见尾羽龙长有其他牙齿。这几颗突出的牙齿异常坚固，就像松鼠的那一对大门牙，是吃贝类或鱼类动物的可靠用具。

绚丽的化身

尾羽龙的独特之处在于那身漂亮的"羽毛外套"。像孔雀一样，尾顶是一束呈扇形排列的尾羽，前肢也排列着羽毛。从化石上可以看出这些羽毛明显有羽轴并演化出对称的羽片。遗憾的是，尾羽龙不会飞翔，羽毛是保持体温和获得异性青睐之用。

★锋利的"镰刀" 似鳄龙强壮的前肢长有三指，最为凶悍的就是拇指上似镰刀的爪子，大而锋利，可以牢牢扣住并瞬间刺穿猎物，猎杀水生动物简直是不费吹灰之力。

1998年，美国古生物学家保罗·塞里诺等人在尼日尔的泰内雷沙漠附近发现了一块化石，约2/3的身体骨骼被保存下来。它就是似鳄龙，一种巨大的鱼食性恐龙。

似鳄龙的脑袋上又长又窄的口鼻构造，不禁让人联想到冷血凶残的鳄鱼。它栖息的环境不是如今的这处黄沙遍地的沙漠，而是曾经水草丰美的沼泽。

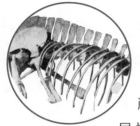

高大的延伸物 同棘龙一样，似鳄龙后背也有一排延伸物，但没有棘龙的那么高大。在这个延伸物的表面布有鲜艳的颜色，能够在交配季节吸引异性的青睐。

发达的齿系 似鳄龙长且狭窄的嘴里长有约 100 颗牙齿，虽然不是很锐利，但呈后弯曲形态且坚硬无比。它的口鼻末端还有较之前更长的牙齿，最容易锁住体滑的鱼儿了！

巅峰对决 帝鳄是一种已灭绝的鳄类动物，曾同似鳄龙共同生活在白垩纪早期的非洲。因为两位掠食者的实力差不多，所以常常会为了争夺同一猎物而厮杀。

高棘龙

在距今约1.16亿年至1.1亿年前的北美洲大陆上，居住着一群背上长有高棘的恐怖怪兽——高棘龙，其庞大的体型和无比锋利的牙齿可同暴龙媲美，无不表明了它强悍的能力。而近年来古生物学者们又发现了许多化石，为研究其生理结构增添了更多的资料，并能够深入了解高棘龙的大脑和前肢作用。然而，高棘龙的归属仍存在争议，有些学者将它归到异特龙类，但有些则认为它属于鲨齿龙类。

★**背部的高棘** 高棘龙外表最显眼的特点当属那些从脖子延伸到后背的高大神经棘。这些背棘是在肌肉的附着处，形成的一个又高又厚的隆脊，具有调节体温和贮存脂肪的功能。

龙过留迹 在美国得克萨斯州的玫瑰谷组地层发现了大量的大型三趾型兽脚类足迹化石，而该地区的唯一大型兽脚类恐龙就是高棘龙，所以古生物学家推断，这些足迹很可能是由高棘龙留下的。

嗅觉发达 2005年，有学者使用 X 射线断层成像技术分析了高棘龙的大脑内部，制作出了高棘龙的颅腔模型。它的脑部形状似字母"S"，大脑半球的扩张不是很大。此外，其内的嗅球很大，显示高棘龙拥有良好的嗅觉功能。

悠闲的姿势 经学者研究表明，高棘龙手部关节的许多骨头没有完全吻合，所以这些关节中一定有软骨存在。当高棘龙休息时，下垂的前肢、微微向后摆的肱骨、弯曲的手肘和向内指爪等无不显示其放松的姿态。

★**不折不扣的"吃货"** 肃州龙不仅是素食家，还是不折不扣的"吃货"！你知道吗？它会用一整天的时间吃东西，因而身体也长得巨大强壮，和其他兽脚类的肉食性恐龙差别很大。

★**利剑"三叉戟"** 肃州龙的前爪是3个分离的"手指"，非常锋利，不仅可以抵御敌人的攻击，还能轻易地把树枝扯拽下来，方便肃州龙享用多汁的树叶。

肃州龙

在距今约 1 亿年前的白垩纪，中国西部的戈壁滩还是一片茂盛翠绿、勃勃生机之景。针叶树、蕨树和低蕨类植物簇拥生长，大大小小的湖泊静静地躺在那里，还有时不时令尘土飞扬的肃州龙。即使湖水会随着季节周期性地干涸、蓄水，但当时充足的食物来源总会让肃州龙终日吃个不停。

炝毛的巨型火鸡 肃州龙长着一副令人过目难忘的奇特模样，美国古生物学家马特·拉曼纳就说过："毋庸置疑地讲，肃州龙是迄今发现相貌最奇特的恐龙，它们看上去就像是炝毛的巨型火鸡！"

脑量商的测量 究竟用什么来判断恐龙是聪明还是笨呢？科学家找到了一种测量"脑量商"的办法，即脑量商越大，智力水平就越高。一般来说，肉食恐龙的脑量商要大于植食恐龙，所以也就比它们聪明。肃州龙的脑袋就不大，脑皮层也不厚，因而它也只是一种笨笨的动物喽！

29

棘龙

★**储能功能** 棘龙的棘帆好似一块太阳能电池板，能在白天吸收太阳的能量并贮存在一个特殊的组织中。在夜幕降临之际、寒冷侵袭之时，棘龙就可以利用白天收集来的热能保证自身的活动。

早在 1912 年，德国的古生物学家就在埃及发现了棘龙的化石，然后存放于德国的慕尼黑博物馆中。可是不幸的是，在 1944 年这个博物馆被炸毁了，这件珍贵的棘龙化石也就消失在世界上了。但在近几年，古生物学家又发现了棘龙的化石，研究之门得以重新开启。棘龙的体型远远大于暴龙和南方巨兽龙，是目前已知的最大肉食恐龙之一。

浪里白条 2014 年的新发现表明，棘龙有一对扁平的脚，可用于帮助它在水中划行。此外，棘龙的腰部也要比同类短小，这表明其重心似乎已经后移，便于其游泳。

圆锥形的牙齿 同属兽脚类的棘龙，牙齿却不是常见的餐刀形，而呈圆锥形。牙齿表面是纵向分布的平行纹，为鳄鱼等食鱼性动物拥有的特征，令鱼肉不会紧贴于牙齿上。

别被电影情节误导 在著名电影《侏罗纪公园》中，棘龙被编剧描写成一种比暴龙还要强壮的恐龙，甚至在同暴龙打斗时咬死了它。但在实际的恐龙世界里，这是永远不可能的。因为棘龙生活在白垩纪早期，而暴龙在晚期才出现。所以两种生活在不同时期的恐龙怎么可能碰面呢？

鲨齿龙

现代非洲的沙漠给人的印象就是炎热干燥，寸草不生。而在距今约1亿年至9300万年前的白垩纪，那里却是一片绿洲，一群长有好似鲨鱼牙齿的怪兽——鲨齿龙就居住在那儿。1931年，古生物学家首次发现了这种恐龙的化石，但是在1944年的战争中被摧毁了头骨。于是为了复原破损的化石，古生物学家只能再次深入非洲腹地。最终，鲨齿龙的真实面目被整整推迟了半个世纪才正式揭晓。

奔跑的"武器"

鲨齿龙后肢的 3 个长脚趾能够触地，趾端还生有似钩子的锋利爪子。于是，鲨齿龙拥有了高速奔跑和快速掠食的无敌技能，令猎物无处可逃。

头大且笨拙

要知道，光是鲨齿龙的头骨就约有 1.6 米长，比暴龙的脑袋整整长出 10 厘米！可是脑袋大的并不一定聪明，因为它的脑容量要小于暴龙，所以鲨齿龙可比暴龙笨得多。

恐怖的鲨鱼齿 快看，鲨齿龙的嘴里是同噬人鲨相似的牙齿。这些牙齿长成了锯齿状，但并不弯曲，几乎是两边对称而前缘凸出。于是，这些锋利的牙齿可以轻而易举地刺进猎物体内，撕成碎片不在话下。

★和"音速"匹敌　从图中我们可以看到，阿玛加龙的长尾好似一条鞭子，所以当肉食恐龙来袭时，它们就会用这条"鞭子"狠狠地抽打进犯者。据研究者推测其"鞭打"的速度会超过音速（音速即声速，传递速度约每秒340米），足以说明阿玛加龙尾部的巨大威力。

阿玛加龙

阿玛加龙，生存在距今约 1.3 亿年前的阿根廷。它最奇特的地方就是颈部后方的两列似鬃毛的长棘刺，远远看上去就像是一只巨型豪猪。此外，这两面棘刺"巨帆"也给古生物学家带来了很大的麻烦，因为对于其功能的确定学者们一度引发了激烈的争论。

迷雾重重的"荆棘林" 阿玛加龙身上的两列高棘是其最好的"辨认器"。据学者研究认为这些神经棘间有皮膜，由此连接成"巨帆"并有血管通过。因而"巨帆"可能会通过吸收太阳能来提高血液温度，并且靠风来散热。

植物收割机 阿玛加龙的脖子能左右或上下灵活运动，可能还会利用尾巴和双脚站立起来，所以它可取食的范围是由地面向上延伸至 5 米的高度。此外，有学者推测阿玛加龙会吃水中的植物，而脖子就可助它吃到低于身体的食物。

棱齿龙

在白垩纪早期，小型的植食性恐龙之所以能在弱肉强食的残酷时代中生存下来，其优秀的奔跑技能可谓功不可没。在此期间，一群极其善于奔跑的恐龙——棱齿龙出现在白垩纪早期。迅捷如风的速度是棱齿龙保命的法宝，也是鸟脚类恐龙中奔跑速度最快的种类之一，逃脱掠食者的魔爪可谓轻而易举。

★**颊部的配合** 头骨结构和颌部后方的牙齿，显示棱齿龙拥有颊部结构，能够咀嚼食物，而不是直接吞咽进食。

"凌波微步" 这样的画面经常上演：娇小玲珑的棱齿龙从某些大型恐龙的肚子下面快速穿过，在那些恐龙还没反应过来是怎么回事儿的时候就逃得无影无踪了。

平衡功能 棱齿龙用双腿行走，走路的时候姿势是水平的。当它快速奔跑时，尾巴是笔直的而非弯曲着地，协助它保持平衡和拥有转弯的能力。

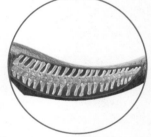

接力的牙齿 当棱齿龙将上颌朝外移动时，下颌则会反方向收回，于是上下牙齿就会做出不断相互磨合的动作。棱齿龙就是靠着这种特性依次磨尖牙齿，这些牙齿还会不停地再长出来。

★**出名的拇指**　禽龙的前肢又粗又长，前端手掌基本不会弯曲，但中间三指可承受重量。它最著名的部位要属似圆锥的拇指爪，可与中间三指相垂直，也可攻击敌人或协助吃东西。

★**重却跑得快**　禽龙坚实的四肢会令其稳步行于大地之上，但在奔跑时可能会只用后肢。幼年的禽龙有着更快的奔跑速度，而成年的禽龙就要逊色得多了。

禽龙

1822年，禽龙从漫长的岁月中"苏醒"，终于被人发现，并在1825年由英国的医生吉迪恩·曼特尔对它进行了描述。自从禽龙现世以后，人类才知道，地球上居然曾经存在着如此令人惊惧的怪兽，几乎牢牢占据着整个中生代时期，它们霸占着地球，却又突然消失。禽龙就存在于白垩纪早期，是第二种被正式命名的恐龙。

替换过程 禽龙的嘴侧生有一些细小牙齿，它们的替换过程非常有趣，从位于偶数位的牙齿开始，而后奇数位依次被替。多数情况下，替换顺序是从后面开始。

万千宠爱于禽龙 那是1835年的除夕之夜，远在英国伦敦的水晶宫公园内，由社会各界人士为禽龙举办了一场举世无双的诞生晚会。在此之前，有一位名叫霍金斯的雕塑家复制出了禽龙模型，而晚宴就举办在这个模型的肚子里。

豪勇龙

在距今约 1.25 亿年前的非洲，白天干热，好似要把人烤焦，但是一只长相奇怪的恐龙却在美美地晒着太阳。这是因为豪勇龙是一种耐旱、耐热的动物，非洲干热的环境对于它来说根本不是值得担忧的问题。

奇妙的大拇指 豪勇龙的手长有大型的拇指尖爪，中间 3 个似蹄子的指骨宽大，适合行走；最后一个长指骨被推测有挑起树叶和树枝等食物，或降低树枝的高度便于摘取等作用。

鸭脸上的隆起 豪勇龙的脑袋和嘴巴又长又扁，活像一只巨型鸭。在这张"鸭脸"上有一个不规则的隆起，长在大鼻孔和眼眶之间。古生物学家认为，隆起可能用在社交活动或追求异性时。

扬"帆"行走 豪勇龙从出生开始就要背着一个"大帆"四处行走。这片帆状物由脊椎神经棘组成，从背部一直延伸到尾部。肌腱将后段棘柱相连来稳固背部。此外，"大帆"还能调节体温并充当视觉展示物，令豪勇龙看起来比实际更高大。

腱龙

腱龙生活在早白垩纪的北美大陆上，与恐爪龙化石在一起被发现，生前也许正被恐爪龙攻击。从化石状态来看，应该是单独一只腱龙遭到几只恐爪龙围攻，这只是腱龙古老漫长生活的一个剪影。腱龙是很温顺的禽龙类恐龙，喜爱群居生活。它们之所以能在"群龙逐鹿"的白垩纪存活下来，靠的就是集体自卫能力。因而，当腱龙与恐爪龙面对面相遇时，成为胜者也是有可能的。

★健美的腿 腱龙的前后腿都很纤细优美，且前腿短于后腿，因此比较善于奔跑，尤其是未成年的时候。

被恐爪龙捕杀

腱龙目前发现有两种：提氏腱龙和道氏腱龙。而在提氏腱龙的化石标本上，可以看到一些牙齿并在其附近发现其他恐龙的骨骸。经研究分析，这些牙齿和骨骸属于恐爪龙，而且这只腱龙是被恐爪龙猎杀而亡的。

多功能的"第三条腿" 腱龙有一条令人印象深刻的大尾巴，不仅能够用来自卫，还能像袋鼠的尾巴一样支撑身体，可谓腱龙的"第三条腿"。当它想要吃到高高的树叶时，就会依靠强健的后肢和身后粗壮的尾巴抬高上半身。

硬物"切割器" 腱龙的鹦鹉状钩嘴前部无牙，而四周有牙。这些脊状牙齿属于典型的棱齿龙类恐龙，这种牙齿的优势在于它可轻易磨碎树枝。由于牙齿可以不断更替，坚硬的植物就变成了腱龙终生不变的食物。

★**生存环境** 乌尔禾龙的生存环境有逐渐变冷的趋势,高纬度区域降雪增加,但热带地区变得更加湿润,各种植物借着丰沛的水分和充足的阳光恣意生长,令乌尔禾龙的存活机会大大增加。

★**变了形的骨板** 从发现的化石来看,乌尔禾龙背部的平坦骨板呈圆形,但其实这些骨板可能在保存中有过变形,真实的形状目前尚无法得知。

乌尔禾龙

在中国新疆有一处叫作魔鬼城的地方，虽然终日黄沙遮天蔽日，但是在距今约1亿年前，这里却是一处至美仙境。巨大的淡水湖泊如同娴静的女子一样，岸边长满了浓密茂盛的植物，而著名的乌尔禾龙，就世代在这里繁衍生息。乌尔禾龙是一类大型剑龙类恐龙，虽然行动很笨拙，但大自然却赋予它坚硬的骨板和钉刺为其架构生存堡垒，令它可以享有一方安隅。

堪忧的"矛盾" 乌尔禾龙和其他剑龙类一样，尾巴长有4根钉子般的尖刺，可以无惧大型恐龙的侵袭。虽然这些尖刺很厉害，但一旦被折断就无法再生，因此它可要时刻保护好自己的武器。

适应性低矮
较之其他剑龙类，乌尔禾龙的身高不高。研究者认为是吃低层植被的适应性结果，即由于长时间只吃低矮植物，它的四肢逐渐变短，身体也就渐渐变矮了。

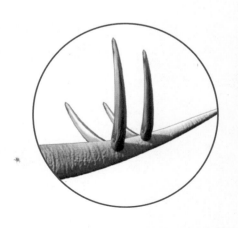

鹦鹉嘴龙

★**尾巴的毛毛** 古生物学家认为，至少有一个种的鹦鹉嘴龙，其尾巴以及背部末端有着鬃毛状的结构，这也许可以用于视觉展示。

1922年，由美国探险家、博物学家罗伊·安德鲁斯带领的中央亚细亚考察队进行第三次考察时，发现了鹦鹉嘴龙化石，为研究这只恐龙提供了研究素材。此后，在中国的辽宁省又发现了大量的化石。从"鹦鹉嘴龙"这个名称我们就可推测，它的嘴同鹦鹉的非常像，因此得名。

胃中有奥秘 鹦鹉嘴龙需要借助胃石才能彻底消化食物，胃石存在于砂囊内（砂囊收缩力极强，可磨碎植物）。它能够吞食的胃石数量惊人，有时甚至达到 50 颗之多。

功能型巨喙 鹦鹉嘴龙有个超级巨喙，咬力惊人。这个嘴同鹰嘴龟的极像。要知道，鹰嘴龟只有成人手掌那么大，却能一口咬断一次性筷子。如果将那张嘴同比例扩大，长在身长近 2 米的鹦鹉嘴龙身上，就能想象到那强大的咬合力了！

小恐龙的幼儿园 古生物学家曾多次发现大量鹦鹉嘴龙聚集一起的化石遗迹，证明它们会将同群的鹦鹉嘴龙宝宝一起照顾，就像一个恐龙幼儿园。小宝宝们会一直被限制待在那里，除非骨头硬化且具有独立活动能力后，方可摆脱看守。

帝鳄

远古时的撒哈拉沙漠并不是寸草不生的，在白垩纪早期，那里是一个热带平原，大大小小的湖泊星罗棋布，还有河流与小溪缓缓流过，岸边是郁郁葱葱的植被，而帝鳄就住在这里。帝鳄的身长将近咸水鳄的2倍，是存活过的最大型鳄类之一。此外，它的外表也与当今的真鳄类非常像。如果帝鳄长到极致的话，就会和人类的公共汽车一样长，堪称"鳄王"！可想而知，猎食大型恐龙对于它们来说是小菜一碟。

★奇特的"鼓泡" 所有帝鳄的口鼻部位末端都长有一个奇怪的凹，叫作"鼓泡"，类似长吻鳄的"壶"，古生物学家推测这个构造可以用来更好地嗅探食物。

狠毒的帝鳄 帝鳄大部分时间都是在水中度过的，因为它要秘密地观察岸边的猎物，为偷袭做准备。它主要吃大的鱼类和乌龟，还有大型动物和小恐龙。当开启捕猎模式时，它会极为耐心地、静静地潜伏着，然后瞅准时机瞬间将对方拽进水中。

"铁路道钉" 当代鳄鱼的牙齿是狭窄的撕裂用牙齿，而帝鳄的巨嘴内是 132 颗又粗又利的圆锥形牙齿，好似铁路的道钉。这些大牙非常便于抓取和咬住猎物。此外，帝鳄的咬合力最大可达 8 万牛顿，猎物几乎逃脱不了。

防御的"装甲" 帝鳄的背部是一排鳞甲。这些巨甲可以说是帝鳄的"装甲堡垒"，帮助它防御其他敌人的侵袭，但同时也降低了它行动的灵活性。

49

★薄片"风帆" 鬼龙的脑后长有巨大的薄脊冠,能帮助它们在水面上稳定飞行和精确捕食,研究者认为这同空气动力学有关。

★撒网捕鱼 鬼龙的内弯曲牙齿齿尖长且粗壮,当它捕获到小鱼时,上下颌会立即合拢,将鱼关进嘴里,有点类似人类的渔网。之后,它会飞到空中再吃掉食物,美味佳肴也不会滑出嘴外。

鬼龙

在 2009 年下半年，古生物学家首次发现了这块不同的化石，从石板上模糊可见的巨大牙齿断定"这是一具罕见的翼龙化石"。

于是，经研究人员耐心细致地修复，这件标本的珍贵之处与科学价值渐渐地展现在世人眼前。古生物学家将这只翼龙命名为鬼龙，模式种是猎手鬼龙，生活在距今约 1.2 亿年前的白垩纪早期，为相关学者研究翼龙类的飞行方式和食性提供了更多的信息。

神奇的验证　古生物学家在鬼龙的标本上发现了粪化石。这是首次确切发现翼龙粪化石与骨骼化石共生保存。通过科考发现，粪化石主要由鱼类骨骼碎片组成，直接证明了鬼龙是食鱼的。

"强势"飞行　短小牢固的肱骨在近骨干处有一个似马鞍的关节头，肱骨的上侧面一般有一个宽冠突，与胸部的飞行肌相连，再加上肩带与关节窝连接等结构，翅膀的力量被强化也就是理所当然的了。

古神翼龙

★**独特的骨骼**　古神翼龙的骨架小并且骨骼中空，因而它们在飞行中会轻松不少。此外，古神翼龙的骨骼内有像鸟一样具有调节体温功能的小气囊，帮助它抵御寒冷的侵袭。

在白垩纪早期的巴西，一群古神翼龙在湖泊和浅海上空翱翔。它们短而高的头骨异常特殊，上面有很大的鼻眶前孔。此外，每一只古神翼龙都有独属自己大小和形状的头冠，是快速识别它们的法宝，也令其带有一份神秘色彩。

高傲的头冠 古神翼龙的脑袋上伸出一个 3 倍于头长的头冠，由口鼻部上的半圆形冠饰和脑袋后方的骨质分叉组成。

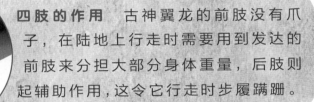

这个"高傲"的头冠可用于与同类传递信号。

四肢的作用 古神翼龙的前肢没有爪子，在陆地上行走时需要用到发达的前肢来分担大部分身体重量，后肢则起辅助作用，这令它行走时步履蹒跚。

无定时活跃 2011 年，有古生物学家将翼龙、现代鸟类和爬行动物的巩膜环大小进行比较，提出古神翼龙是无定时的活跃性动物，会不分白天黑夜地进行觅食和移动，休息时间极短。

第二章

▲ ▲ ▲

晚白垩世的鼎盛与覆灭

脊颌翼龙

翼龙是第一种飞上天际的脊椎动物，自从发现了翼龙的化石，人类就对它们产生了好奇心，因而一直不断地追逐着这类动物的踪迹。脊颌翼龙生活在距今约1.12亿年至1.08亿年前的白垩纪晚期，双翼展开的长度足有8.2米。它们喜欢栖息在海边的悬崖峭壁上，别看它体型巨大笨重，但活动起来十分轻巧灵活。

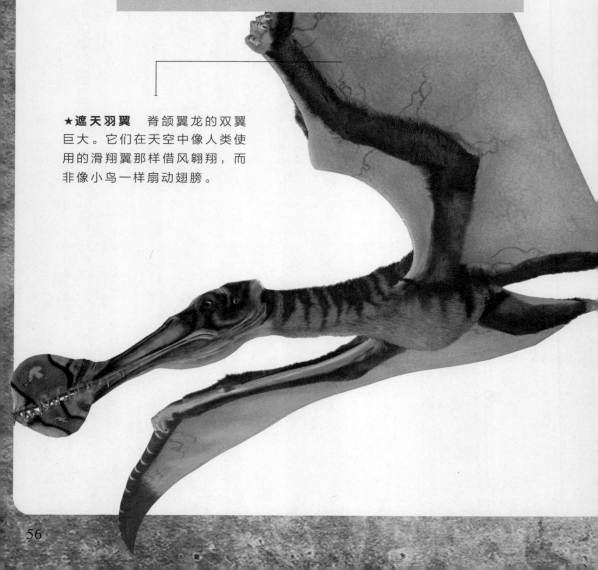

★遮天羽翼　脊颌翼龙的双翼巨大。它们在天空中像人类使用的滑翔翼那样借风翱翔，而非像小鸟一样扇动翅膀。

不得已的选择 翼龙在陆地上的行走方式与蝙蝠或鸟类完全不同。据学者推测，几乎所有翼龙都不喜爱走在平地上，因为这会让它们的姿态摇摆笨拙。但是当进行生育、筑巢或照看幼崽等活动时，它们就没得选择了。

水面"导航仪" 脊颌翼龙嘴巴的上下位置都长有凸出的片状冠饰，在它们捕鱼时，这两片冠饰就变身成"导航仪"，帮助脊颌翼龙辨别方向。

劈开水面的"板斧" 脊颌翼龙的下颌伸出一个脊状突起，能在探入水中捕鱼时劈裂水面，以此减轻水压对身体的影响。

★ **"刺客"本无牙** 无齿翼龙就像现在的鸟类一样，只有喙状嘴却无牙。它的下颌长有 1 米多，注定了菜单中只有鱼类一项，家也只能在海边。

无齿翼龙

到了白垩纪晚期，生活在广阔海岸线的无齿翼龙完全颠覆了有齿的翼龙王族，适应了当时的环境。因为在领地内几乎没有天敌，所以无齿翼龙更加肆无忌惮地扩张家族延伸的触角，身体不断生长变大，终于成为一代"天骄"。

雌雄之分　要想区分无齿翼龙的性别，只须观察脑袋上的脊冠就行了。从侧面看，雌性无齿翼龙的脊冠短小宽大，而雄性的窄小尖长，更具侵略性。左图为雌性。

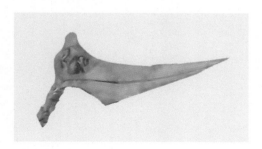

飞行中的"保护设施"　背肋在脊椎椎体两侧，越接近尾巴越短，强度越小。它连着胸肋并和胸骨共同构成了牢固的"笼子"，让无齿翼龙可以自由飞翔，无须担忧胸腔会受到压迫。

联合脊椎的力量　无齿翼龙的联合脊椎是一块两侧都有关节面的板状体，与肩胛骨连接，它最重要的功能就是支撑稳固肩带。此外，联合脊椎还与背阔肌相连，令无齿翼龙能够抬起前肢前端而朝后摆动。

夜翼龙

★**偏转翼**　夜翼龙在天空中翱翔时，会把身体偏转成一定角度，令翅膀不在一个水平面上，从而增加侧面阻力，用来抵消风的侧向力。

在爬行动物"霸占"了大陆后，适宜的环境令其家族成员愈来愈多，就使得其他动物可生存环境渐渐减少。翼龙家族提早预知这一变化，摆脱了重力的束缚，征服了更加广阔的天空。在这一重大转变中，夜翼龙也展现出其非凡的能力。2009年，中国学者首次将古生物学与航空学结合，用空气动力学来分析研究夜翼龙的飞行能力。它带着脑袋上极长的三叉星标志，成了陆、海、空"三栖明星"。

扬帆起航 如左图夜翼龙头部化石，其高耸的脊冠附着一张膜，一定会产生极大的升力，于是它就可以改变迎风角度来获取飞行助推力，飞行能力会大大提高。但也有学者认为，夜翼龙脊冠上并没有这片膜。

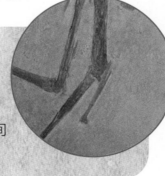

演化的痕迹 我们知道，翼龙的翼指骨通常由 4 节骨组成，但夜翼龙仅有 3 节，而且另外 3 根手指也极为退化，这可能是它们不需要长时间接触地面造成的。

翼龙对后世的影响 翼龙或许拥有人类无法想象的飞行力和控制力，学者对翼龙类动物无法敏捷飞行的想法可能也由此改变。对于翼龙的研究不仅增加了人类对翼龙演化进程的认识，可能也会对无人机的制造提供些许启示。

风神翼龙

当翼龙类家族生存至白垩纪晚期时，只剩下没有牙齿的伙伴们：无齿翼龙类、夜翼龙类和神龙翼龙类。而神龙翼龙类又是生存到最后一刻的族群，其中风神翼龙，即代表之一。风神翼龙生活在距今约6800万年至6600万年前。据学者推测，它们的生活习惯应与信天翁相似，会长时间在空中停留。可惜的是，风神翼龙也没能逃脱掉灭绝的命运，永远消失在历史的长河中了。

★ **征服天空** 风神翼龙非常聪明，它会巧妙利用气流的变化协助其滑翔在空中。若上升的气流较弱，风神翼龙就会向下俯冲，提升飞翔速度；若高度下降，又会迎风上升。它只需把腿伸开或收拢，脚蹼就会像船舵一样调整飞行方向。

没有定论的生活方式

对于风神翼龙的生活方式，有许多不同看法。因为它的长颈椎、长而缺乏牙齿的颌部，有学者认为它的飞行能力不佳，反而是经常在地面活动，吞食腐尸。

不容忽视的"窗口" 风神翼龙的体型是翼龙家族的冠军。它细长的脖子上是一个特别大的脑袋，大大的眶前孔几乎占据了头骨的一半长。于是风神翼龙的大头就减轻了很多负担，想要身体保持平衡也就容易多了。

遮天羽翼 风神翼龙有一对巨型的遮天羽翼，所以很适合长途旅行。研究者认为，风神翼龙可能会花费一整天的时间跟随积云寻找热气流，然后与其共同飞升至 5 千米的高度。在这里它不用挥动一下翅膀，就能轻而易举地飞到 50 千米以外的地方。

★**可怕的咬合力** 南方巨兽龙的咬合力至少有6吨，最大的利齿足有30厘米长，刀一样锋利的牙齿令它能够快速撕下猎物的皮肉。在陆生动物中，暴龙的咬合力最大，南方巨兽龙则紧随其后。

★**尾巴的功效** 南方巨兽龙坚硬的骨骼和强壮的肌肉是支撑其沉重身躯的保证，与此同时还会令它在捕食时有不俗的速度。而长而尖的尾巴则赋予它迅速转向和击昏猎物的技能。

南方巨兽龙

在距今约 9700 万年前的白垩纪晚期，有一种非常厉害的掠食者在陆地上出现了。它们健硕的前肢比暴龙还适合猎杀动物，大腿股骨比暴龙的还要粗大。它们就是迄今所发现的恐龙中体重第二的肉食恐龙——南方巨兽龙。南方巨兽龙是侏罗纪异特龙的后辈，却在自然选择中演化出更加庞大的体型。

群居合作　你知道吗？古生物界已经普遍认同巨型的肉食恐龙智商不高，复杂的社会行为更加不可能。但是有古生物学家却发现在南方巨兽龙的意识中可能已拥有群居概念，甚至在群居生活中学会了合作捕食的方法。

惊人的速度　当南方巨兽龙奔跑时，古生物学家将其身体从摆动状态恢复到平衡状态时所用的时间，同股关节的运动和平衡的活动范围相比得出结论，南方巨兽龙的最高速度可达每秒钟 14 米，十分惊人。

马普龙

★**巨大的体型**　成年的马普龙最大可达14.5米长3吨重，巨大的体型使其成为第四大的肉食恐龙，小于棘龙、暴龙、蛮龙。

从1997年到2001年的4年时间里，古生物学家在一个骨床中挖掘出了不少马普龙化石和其他恐龙的骨骼化石，一共至少有7种。在2006年，两位古生物学家罗多尔夫·科里亚和菲利普·柯里猜测上述骨床可能是由很多恐龙尸体堆积而成的，曾经是某种肉食动物的猎食陷阱，并推测马普龙可能就是这个陷阱的主人，它是一种大型肉食恐龙，捕杀猎物轻而易举。

瘆人的牙齿　和其他鲨齿龙类一样，马普龙也有着瘆人的齿系，这些侧扁且带着锯齿的牙齿是它的独门武器。

能滑动的鼻骨　马普龙的鼻骨比南方巨兽龙的厚，同暴龙相比，其鼻骨还能滑动。此外，这个鼻骨在与上颌骨和泪骨接触的前段很窄，令马普龙在咬碎猎物骨头的同时不会损坏自己的骨头。

猎食方式　罗多尔夫·科里亚认为马普龙会群体围困并捕捉体型大的猎物，但不确定这种共同行为是否如同狼群一样为有组织的捕杀活动，也许只是一种随意的行为。

阿贝力龙

在白垩纪晚期的北美洲，居住着最出名的恐龙明星——暴龙。但是你知道吗，在南半球，还有一类凶猛无比的肉食恐龙在悄悄崛起，它们就是阿贝力龙，在南美洲"一统江湖"！阿贝力龙生活在距今约8000万年前，至今只发现一件不完整的头骨化石，大约长0.85米。

像窗户一样的模孔

我们可以看见，在阿贝力龙的头骨上也生有所有恐龙都拥有的大型颞孔。这如同窗户一样的缺口，可以帮助恐龙减轻头骨重量，以方便其更快捷迅速地捕捉猎物。

短而高的头颅　要知道，除了头颅稍微短且高，阿贝力龙几乎和暴龙生得一模一样。它的鼻子和眼睛上长有不平滑的突起，也许用于支撑由角质组成的冠饰，但是却没有在化石中存留下来。

弱小的上肢　虽说阿贝力龙的凶悍堪比暴龙，但还是撼动不了暴龙的王者宝座，它的前肢比暴龙的弱小。经来自德国慕尼黑大学的古生物学家的研究，发现在阿贝力龙类的初期演化中，前肢就有渐渐缩短的趋势了。

窃蛋龙

★**孵化方式** 窃蛋龙的孵化方式与一些现生鸟类相似。成年的窃蛋龙把卵产在用泥土筑成的圆锥形的巢穴中。成年龙可能会用带羽毛的翅膀来孵化宝宝。

在距今约 7500 万年前的蒙古大草原上，栖居着一种身披羽毛、好似大鸟的恐龙——窃蛋龙。最早发现的是一些被踩碎的骨头化石，零散地分布在一个巢穴中，因而古生物学家认为它是在窃取其他恐龙的蛋时被杀害的，于是就有了窃蛋龙一名，但事实上窃蛋龙是在保护自己的蛋。可是古生物学界的规矩就是，名字一旦定下来就不能更改，因而窃蛋龙也只能永远背负"臭名"了。

敏捷的手指 窃蛋龙的每只手上长着3根手指，上面都有尖锐弯曲的爪子。第一根指比其他两指短许多，这个指就像个大拇指，可以呈弧状弯曲。窃蛋龙行动敏捷，能在短时间内把猎物紧紧抓住。

无牙胜有牙 窃蛋龙的嘴巴里没有牙齿，但是它的喙状嘴部有两个尖锐的骨质尖角。这对尖角像一对锋利的叉子一样具备了牙齿功能，能够轻易地敲碎骨头。

被冤枉的窃蛋龙

最新科学研究表明窃蛋龙的偷蛋名声可能是个千古奇冤，因为新发现的化石形象表明它们只是在保护自己的蛋不受到侵害，并且正在用长爪呵护着幼小的生命。

食肉牛龙

在距今约 7200 万年至 6990 万年前的白垩纪晚期，生活着一种大型食肉恐龙——食肉牛龙。它们是目前已知有最快奔跑速度的大型恐龙，以自身优势迅速绝对地占领了南美生物圈的食物链之巅，是当时令人闻风丧胆的巨型恶霸。当看到类似食肉牛龙那对角时，小动物就会马上逃跑。此外，学者还在化石上发现了一些皮肤印记，也许食肉牛龙的外表非常精致华美。

★**皮内成骨** 食肉牛龙的背部与体侧的皮肤上，有多列的圆锥形皮内成骨，部分直径达0.05米，包括宽而平的甲板和小而圆的结节。甲板在它的颈部、背部及臀部横向整齐排列，使食肉牛龙的外表凹凸不平，类似现今鳄鱼的外表。

速度才是它们的强项 食肉牛龙堪称恐龙族群中的"短跑健将"，捕食时速度可达 55 千米每小时。食肉牛龙尾肋骨相互交叉向上倾斜，尾部肌肉强壮，被称作尾股间肌肉，肌肉收缩可以带动腿部运动。尾股间肌越强壮，恐龙的奔跑速度就越快。

如牛的犄角 要说食肉牛龙最特殊的部位，就是长在眼睛上方那两根又短又粗的角，令头顶略宽。这两根角不仅可以用作争夺配偶，还可以同其他种族进行激烈的打斗。

深度知觉 食肉牛龙的眼睛向着前方，可能有着双眼视觉及深度知觉。深度知觉是个体对同一物体的凹凸或对不同物体的远近的反应。视网膜虽然是一个两维的平面，但不仅能感知平面的物体，还能产生具有深度的三维空间的知觉，这主要是通过双眼视觉实现的。

★**灵活的前臂** 暴龙的前肢短小，根本就是个摆设。但恐手龙的前臂修长灵活，因而较大多数恐龙的前肢更为实用。从骨骼来看，它的关节可以灵活运转，也就令恐手龙在对敌时的攻击更加灵活。

★**锋利的"手术刀"** 恐手龙除了有强壮灵活的前臂可用外，锋利趾尖的大爪也是它生存的利器。恐手龙可利用这种大爪撕开敌人的胸膛，就如同医生手中的手术刀划开病人的皮肤一样。

恐手龙

1965 年，一支考察队在蒙古的戈壁沙漠中发现了一种拥有可怕巨爪的恐龙，仅前臂和手指骨骼就达 3 米长！爪子就有 20 ~ 30 厘米。其中一位研究者还写道："当我想象整个恐龙的模样时真是毛骨悚然！" 它就是目前所发现的恐龙中最令人惊悚的一种——恐手龙。

攀爬猎手 有学者推测恐手龙的前臂其实并不那么锋利，因而前爪是自卫工具而非猎杀武器。而来

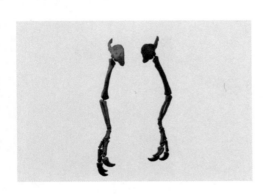

自俄罗斯的古生物学家研究了恐手龙和树懒的前肢，认为恐手龙是善于爬树的动物，可以吃水果、树叶和小动物的蛋。

各司其职的四肢 恐手龙的前肢是进攻的武器，其细长锋利的爪子

注定了前肢无法助其行走。于是，奔跑走路的重担就交给后肢完成。慢慢地，恐手龙的后肢肌肉进化得健壮无比。最终，四肢有默契地相互配合，服务恐手龙的一生。

巨盗龙

★**凶猛的大嘴** 巨盗龙的大嘴看上去极其厉害，也许只须轻轻一夹，就能在瞬间咬断对方的腿或脖子，当之无愧是巨盗龙的猎杀武器。

2005年，古生物学家在中国内蒙古的二连盆地发现了一具化石，其庞大的体型足以与暴龙类恐龙相比。又过了两年，即2007年，著名的古生物学家徐星教授发布了研究成果：这件巨型化石属于恐龙世界的"袖珍"龙——窃蛋龙类。它就是著名的巨盗龙，生存在距今约7000万年前的白垩纪晚期，是目前发现的最大窃蛋龙类恐龙。

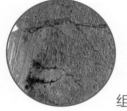

"年轮"的痕迹　从左侧巨盗龙骨切片的照片上看，骨细胞有圆形和椭圆形两种形态。恐龙骨细胞的生长痕迹由类似树龄的年轮组成，不过比树龄更复杂。树龄的一条年轮代表一年，而骨细胞生长痕迹有的一条线代表一年，有的则是几条线代表一年。

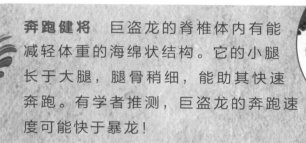

奔跑健将　巨盗龙的脊椎体内有能减轻体重的海绵状结构。它的小腿长于大腿，腿骨稍细，能助其快速奔跑。有学者推测，巨盗龙的奔跑速度可能快于暴龙！

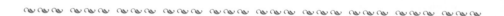

小动物杀手　目前大部分古生物学家认为，巨盗龙那张大嘴可能会直接吞咽体型小的动物。也许，巨盗龙会依靠身体优势去突袭其他恐龙的巢穴，残忍地捕杀吞食恐龙宝宝。

镰刀龙

距今约7000万年前晚白垩世的蒙古戈壁沙漠，并不是如今的黄沙遍野、一片荒凉的景象，而是生机勃勃、水草丰美的植物天堂。在那里，居住着一种植食性恐龙——镰刀龙，它的长相非常好玩儿，可以说是恐龙中的"四不像"。1948年，由来自前苏联和蒙古国组成的挖掘团队发现了镰刀龙的化石，但他们被其大爪子迷惑了，将其标本归入一种大型的龟类！直到1970年才改正过来。

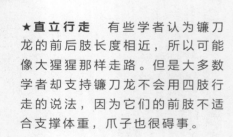

★**直立行走**　有些学者认为镰刀龙的前后肢长度相近，所以可能像大猩猩那样走路。但是大多数学者却支持镰刀龙不会用四肢行走的说法，因为它们的前肢不适合支撑体重，爪子也很碍事。

谜一样的食性 古生物学家对于镰刀龙吃什么还存有争议，目前大部分学者的意见是植物。它会用长长的手臂和尖利的指爪拽下树叶来吃。但是也有人认为它们是吃白蚁的，那对巨大的爪子就是为挖开白蚁家而生的。可是如果以昆虫为食的话，镰刀龙会有那么大的体型吗？

消化系统 镰刀龙的盆骨好似一个大篮子，因而腹部空间更大，可以容纳长肠子，帮助它进行食物的摄入、运转和消化，以及进行吸收营养和排泄废物等复杂的生理活动。

张扬的巨爪 镰刀龙有一对巨爪可用来自卫或争抢配偶。当碰到敌人时，它可能会展开双臂，然后像天鹅一样拍打翅膀，以此来展示巨爪，威吓对方，因而也会在异性心中树立自己高大勇猛的形象。

★**标志性的下颌** 恶龙下颌的第一齿几乎是水平的，其前排的牙尖还长有回钩和小小的锯齿。这些牙齿特征表明兽脚类恐龙的食性是丰富多样的。

恶龙

恶龙是一种小型的兽脚类恐龙，其化石完整度大约是40%，发现于地处非洲东南部的马达加斯加岛。恶龙的模式种名字叫作诺弗勒恶龙，是在2001年被描述命名的。这个名字是为了纪念马克·诺弗勒而取的，他是英国险峻海峡乐队的一位成员，就是因为海峡乐队的音乐，发掘队伍才有了更大的干劲，最终发现了恶龙化石。恶龙主要吃鱼类和小型的猎物。其牙齿就像长矛一样锋利无比，因此也是恶龙最有力的撒手锏。

独特的骨骼构型 发达的趾骨和圆形的腕骨，排列成插座形象的髂骨和耻骨关节，胫骨的下突起，股骨内髁关节和脚末节骨双面有凹等，都是恶龙等阿贝力龙类恐龙的共有特点。

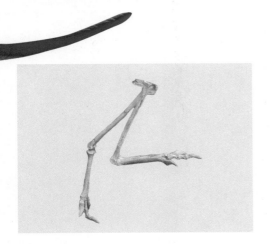

弯刀般的牙齿 恶龙猎食的惯用伎俩就是用似长矛的前齿刺进猎物的皮肉，然后将后齿当作刀片儿"切碎"它们。而这种凶残的猎食方式令恶龙的牙齿演化出奇特的排列现象，在其他掠食恐龙中也很少见。

犰君龙

★**著名的大头**　犰君龙有一个著名的特征——巨头，当然其上的各种开孔可以帮助它减轻脑袋的重量。此外，在额顶的位置上还长有一个角状凸起，是追求异性时用来炫耀的工具。

与非洲大陆东南部相望的马达加斯加岛在白垩纪晚期可并不是一个度假天堂。因为它可是比现在更贴近赤道的地带，所以这极有可能是干旱的沙漠。在这燥热的、翼龙飞舞的大地上，还居住着一种兽脚类恐龙——犰君龙。犰君龙的骨骼化石是于1979年发现的，古生物学家还在化石上发现了齿痕，因此，学者猜测犰君龙有嗜食同类的残忍习性，这也是它"臭名昭著"的原因吧！

高度"近视"　　较小的视觉中心令犸君龙的视觉范围有限，双眼所见事物无法重叠，因而没有很好的深度感知。要知道，两只犸君龙想从侧方向看对方的话都非常困难。

结实的后肢　　相较于其他兽脚类恐龙那较为修长的后肢，犸君龙的后肢显得短而结实，这使其能轻松追上那些行动缓慢的蜥脚类恐龙。

"六亲不认"的犸君龙　　快看，前方20米处居然有两只犸君龙在拼力打斗！千万不要以为它们只是在切磋，其实那是用生命在搏斗！要知道，在这个残忍的、适者生存的环境里，已经没有所谓的同类概念了，活下来才是它们的唯一目的。但是这种"六亲不认"的做法其实只存在于犸君龙的家族中。

特暴龙

在白垩纪晚期的东亚地区，潮湿泛滥的平原上，河道广布，水草丰美。在这样一个人间天堂里，却居住着一种恶魔，人称"杀戮机器"。它就是特暴龙——大型的暴龙类恐龙之一。这只恐龙的化石被保存得很好，包括完整的头骨和骨骼标本等，可以帮助研究者详细了解特暴龙的种系关系和脑部构造等相关信息。

★**头部力学** 特暴龙鼻骨和泪骨间没有骨质相连，但却有个大突起长在上颌骨后并嵌入泪骨，咬合力会由上颌骨直接转到泪骨处。它的上颌很坚固，因为上颌骨与泪骨、额骨和前额骨牢牢地结合着。

上镜的"明星" 虽然特暴龙残忍凶暴，杀戮无数，但还是受媒体欢迎的，在 2005 年英国 BBC 的电视节目《恐龙凶面目》中上镜了。此外，它还"受邀"参演了《镰刀龙探秘》，可谓一个恐龙明星。

大脑袋的"诉求" 特暴龙的头骨虽然高大，但前段窄小。此外，扩张幅度不大的后段头骨显示特暴龙的眼睛无法直接朝前视物，因而它不具有暴龙的立体视觉。其实，特暴龙是靠嗅觉和听觉进行捕猎的。

粗壮的长尾 除了长且粗壮的大腿，特暴龙还有一条又长又重的尾巴，这可以帮助它平衡前部躯体的重量，将重心保持在腰部。

胜王龙

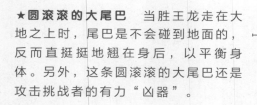

★**圆滚滚的大尾巴** 当胜王龙走在大地之上时，尾巴是不会碰到地面的，反而直挺挺地翘在身后，以平衡身体。另外，这条圆滚滚的大尾巴还是攻击挑战者的有力"凶器"。

在距今约6900万年前的印度半岛，森林、河流遍布，丰富多彩的原始生活在此拉开帷幕，犸君龙的近亲——胜王龙是其中的一员。经研究发现，胜王龙与来自马达加斯加的犸君龙和南美洲的食肉牛龙有相似特征，表明它们起源于同一演化支系。其实，胜王龙生活的时代已经接近恐龙种族濒临灭绝的时期，所以为学者研究历史的真相提供了更多线索。

浑圆的顶饰　胜王龙脑顶有一个球形突起，短小浑圆，就如同古代君王额头上或金、或银、或玉的佩戴物，它可以用来辨识同类，也可以威吓侵略者。

随身携带的千斤顶　相比它庞大的身躯，胜王龙的前肢可是相当短小了，它上肢前端只有 3 根爪状指，虽然看似笨拙滑稽，但千万不要小瞧这对前肢，因为它们可以像千斤顶一样"顶"起胜王龙。

胜王龙的分量

通过研究胜王龙化石出土处的沉积物，学者认为在那里曾爆发了 5 亿年以来最大规模的火山活动。此外，这只肉食恐龙的出现还对分析印度大陆如何脱离非洲板块，然后"撞进"亚洲板块的怀抱提供了有趣的资料。

暴龙

暴龙是最广为人知的恐龙，自1905年被命名以来就一直坐在恐龙家族的国王宝座上。暴龙只有一个种——君王暴龙，又名霸王龙。暴龙生存于距今约6700万年至6600万年前的白垩纪晚期，它们的形象频繁出现在展馆、书籍、影视等作品当中，是令"恐龙文化"崛起的领军人物。暴龙有凶猛残暴的外表，常常出现在惊悚刺激的画面中，可以燃起孩童渴求知识的欲望，深深地影响了人们对恐龙的认知，堪称恐龙星球的终极之王！

★ **敦实的"承重墙"** 暴龙的后肢异常强大，每只脚可承受约半只大象的重量。脚掌有3个脚趾触地而跖骨离地，其稳固的踝部关节，让它能在崎岖的大地上自由行走。但是成年暴龙却不善奔跑，只能以每小时18千米至40千米的速度行走。

暴龙的菜单 长大的暴龙可能是位"独行侠",享受着单身生活带来的自由。那么它的食物又是什么呢? 2003年,有古生物学家在美国蒙大拿州发现了被其他恐龙袭击过的三角龙化石,并认为这是暴龙吃剩下的。

如同摆设的前肢 暴龙的前肢小得可怜,仅有约80厘米长,位置也非常靠后。这对可怜的"小手"不仅无法抓到自己的脚部,甚至还摸不到自己的嘴,可想而知在战斗时根本没有任何作用。可能仅当暴龙趴着休息后起来时有支撑身体的作用。

致命的"香蕉牙" 暴龙残忍撕咬猎物的武器是口中的60多颗牙齿。它们的凿状牙在前上颌骨紧密排列,横剖面呈英文字母"D"形,牙齿向后弯曲且形状类似香蕉,最长的竟达30厘米,有一半以上是埋在牙龈里的。千万不要小看这些"香蕉",它们联合起来能够轻易咬碎一辆汽车。

★匕首状牙齿 古生物学家只挖掘到冥河盗龙的部分上颌骨和齿骨化石。在对齿骨的分析中，他们发现冥河盗龙的牙齿呈匕首状，这有利于其更好地撕咬、吞食猎物。

★镰刀状的利爪 冥河盗龙的趾爪可能像恐爪龙一样呈镰刀状，行走时第一、二趾会缩起，仅使用第三趾和第四趾行走。原来研究者认为镰刀爪是用来割伤猎物的，但近年研究指出它可能是做刺戳之用。

冥河盗龙

在白垩纪晚期的美国蒙大拿州，动物纷杂遍布，植物繁茂生长，冥河盗龙就生活在这里。北美洲马斯特里赫特阶的驰龙属化石记录一直不太清晰，但根据来自蒙大拿州地狱溪组发现的化石，古生物学者命名了驰龙属恐龙的新属种——冥河盗龙，它是北美洲已知最晚的驰龙类恐龙之一。

恐龙中的大丹犬　加拿大皇家安省博物馆的脊椎动物古生物学馆长大卫原本认为冥河盗龙的化石是怜盗龙的骸骨，但通过3年的研究发现这属于一只新恐龙，是怜盗龙的近亲。他形容怜盗龙如果等同于德国的牧羊犬，那么冥河盗龙就是大丹犬。

硬挺的尾巴

冥河盗龙可能像恐爪龙一样，尾巴有一连串的长骨突和骨化肌腱。这种构造会令尾巴笔挺，可以为冥河盗龙提供更好的平衡及转弯能力。

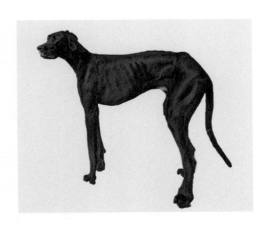

海王龙

★**夺命"铁锤"** 海王龙的脑袋上长有一个似圆筒的前上颌骨，可以撞击甚至击昏猎物，以助它捕获猎物。它还可以被用在与同类的打斗中，可以说这是海王龙的撒手锏。

白垩纪晚期的陆地上上演着各种殊死搏斗，在看似平静的海洋下面，也无时无刻不进行着争斗角逐。而我们的海王龙，这只生活在美国堪萨斯州的庞大怪兽，因为其强大的掠食能力，就不需要为生活苦苦挣扎了。古生物学家在其化石的胃部找到了种类丰富的食物，有鱼类、小型沧龙类和蛇颈龙类等残留物，说明海王龙在水中的速度极快，所以即使拥有高超游泳技术的食肉鱼类也难逃被捕食的厄运。海王龙不愧于其"海洋之王"的称号。

致命武器　海王龙的下巴非常强壮，配合它的牙齿可以说是所有动物的噩梦，它会用这个下巴和下巴两侧的锥形牙齿紧紧咬住猎物，直至它们死亡。

强力"推进器"　海王龙长而有力的扁平尾巴是令其拥有数一数二游泳速度的主要因素。此尾巴长度大约是身长的一半，脊椎骨扩张的骨质椎体组成了可以助它畅游海洋的器官。

殊死豪夺

海王龙这类顶级掠食者有着极强的领地意识。因为它们缺乏天敌，所以对于自身的最大威胁就是与同类的竞争，于是在大海深处不断上演着残忍的手足厮杀。它们会果断地向兄弟姐妹发起致命的袭击，仅仅是为了争夺领地。

球齿龙

沧龙类，是生活在白垩纪晚期的海生爬行动物类群，它们食肉，凶猛异常，是当时海洋中的霸主。而我们将要介绍的角色几乎具有沧龙类的所有特质：速度快、又长又尖的嘴、众多牙齿等。这就是球齿龙，它们没有沧龙类群的庞大体型和顶级的捕食技能，但也依靠着高速和灵活的捕食优势，在广袤海洋中占有一席之地。

★水中摆"舵"　球齿龙的四肢已经进化成桨状脚，鳍肢与其他沧龙类相同，都很小。当球齿龙游泳时，这个鳍肢相当于舵的功能。

疯狂的食谱 经研究分析，古生物学家认为球齿龙不只捕食在海洋中生存的动物，它们还可以潜伏在海面下，猎杀飞在海面上想要捕鱼的翼龙。

半圆状牙齿的威力 不同于其他沧龙类，球齿龙演化出了特别的半圆状牙齿，如左侧化石图，且在顶端有个小尖。于是带壳动物如贝类、龟类和菊石，就都成为它的食物了。

摇摆"大桨" 圆齿龙有着长长的桨状大尾，并且尾部扁平。它们游泳速度极快，一旦发现猎物便会紧追不舍，直到咬住为止。

★"声呐"系统　沧龙的上颌侧面有一组神经，可以检测到猎物发出的压力波。沧龙就是利用这个压力波声呐来狩猎的，就像虎鲸使用回声定位来捕食一样。这个"声呐"系统能让沧龙更有机会捕捉到猎物。

★移动的"平衡器"　要知道，沧龙在海里拥有无敌的游泳速度，其后肢的四趾已演化成鳍状肢，在尾巴推动前进的同时，鳍状肢控制前进方向，可以像飞机的襟翼一样让沧龙迅速转弯，增强动作的灵活性。

沧龙

在距今约 7000 万年至 6600 万年前的白垩纪海洋中，活跃着沧龙类群。它们演化自陆地上的蜥蜴，并在白垩纪中晚期快速繁衍生息，为了获得食物和领地，它们残忍地把其他鱼龙类、蛇颈龙类赶尽杀绝。然而好运不会一直跟着它们，就在沧龙家族为其蓬勃发展沾沾自喜时，来自大自然的灾难降临了，沧龙自然无法逃脱被灭绝的厄运。

嗜杀机器 沧龙在捕食过程中完全就是一台开动的"嗜杀机器"。倒钩状的锐利牙齿会轻而易举地将猎物咬断，然后上颌处的内齿则将猎物随意拖拽。整个捕食过程毫不拖泥带水，残忍至极。

敏锐听觉
在深海里，回声定位成为捕猎的主要手段。为了生存，沧龙改变其生活在陆地上祖先的耳朵构造，演化出扩大音量的听力系统，能够将声音增大到 38 倍，准确获取目标方位。

薄片龙

★**胃部宝物** 薄片龙一生的时间都在水里度过，靠捕鱼为生。为了更好地吸收营养，它们常常会去搜寻些小型鹅卵石吞掉。不仅可以研磨无法消化的食物，还令自身增重，便于它畅游海底。

在生物界中，最经典的蛇颈龙形象就属薄片龙了，它堪称蛇颈龙家族的末代枭雄，亲眼见证了家族的极致发展与衰败没落。薄片龙生活在白垩纪晚期，是长相十分古怪的海洋爬行动物，活像一位长着超长脖子的侏儒症患者。它们身上的鳍状肢共有4个，游泳时就像愚笨的海龟一样慢腾腾的。因为它的长脖子减弱了攻击和自卫能力，并降低了它的反应速度，所以薄片龙在同体型逊于自己的沧龙打斗时，反而成了沧龙的猎物。

长脖子的烦恼 一切事物都有两面性。长脖子在给薄片龙带来便利的同时，也令它一生都带着摆脱不掉的烦恼。沉重的脖子使薄片龙无法将头高举出海面，它也就无法欣赏到外面精彩的世界了。

狡猾的攻击 薄片龙利用那条占身体长度一半的奇特脖子，远远地对猎物进行偷袭而不必担心会被其发现。薄片龙捕食时非常有耐心，它会悄悄地等待时机，然后闪电般地伸出脖子咬住猎物，一击致命。

艰难的寻爱之旅 薄片龙想要找到自己的另一半可谓困难重重，它需要长途跋涉到很远很远的地方寻找爱人和繁殖地，而这一路上一定会伴随着难以想象的危险，也许还未找到爱人，薄片龙就丢掉了性命。

古海龟

海龟的演化历史可以追溯到远古时期，而白垩纪晚期的海龟叫作古海龟，是现生世界上最大的海龟——棱皮龟的亲戚。它的体型同现生海龟很像，也有着外壳保护，所以对于大型掠食动物来说，它是一种非常棘手的食物。据相关研究者推测，古海龟可以活到100多岁，堪称白垩纪时期的"百岁老人"。

★**头足类的克星**　古海龟锋利的牙齿能够帮它咬开有壳动物，如菊石（一种已灭绝的海生无脊椎动物，属于头足类）。

"慢性子" 古海龟在海洋界可是有名的"慢性子"。因它的大部分食物都浮在海面，所以它若不在海床上冬眠，它几乎一直浮荡在海面，而不会深潜海底，于是就养成了"慢性子"。

拨桨前游 古海龟的4片桨状鳍很大，能帮助古海龟减少在水中游动的阻力并控制前进方向，还能辅助它浮出水面进行换气，古海龟也就变成了在开阔海洋中能进行长距离游泳的"能力龟"。

受限的"龟壳" 古海龟的背上没有龟壳，不过却背着一个由体外肋骨组成的背甲，可能覆盖似皮革的表层或角质片，让它兼有防御性与灵活性的特质。

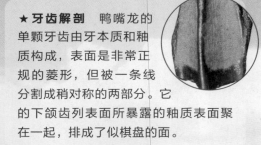

★**牙齿解剖** 鸭嘴龙的单颗牙齿由牙本质和釉质构成，表面是非常正规的菱形，但被一条线分割成稍对称的两部分。它的下颌齿列表面所暴露的釉质表面聚在一起，排成了似棋盘的面。

★**趾部构造** 鸭嘴龙的后足已进化成鸟脚状，有三趾。其实鸭嘴龙的后足曾经也是五趾，只不过第一趾只有一点残痕甚至已经消失，而第五趾已完全退化消失，所以它只剩下三趾了。

鸭嘴龙

白垩纪晚期是恐龙消亡前的"回光返照"时期，种类丰富，支系广布，其中就有一群"鸭嘴怪"栖居在美国新泽西州的海边。由于它们的嘴又扁又长，就像鸭子的嘴，所以叫它"鸭嘴龙"。这类恐龙有极其庞大的种群数量，它们成百上千，甚至上万只集结成群，慢慢地在北美大陆上南北迁徙着。

错误的习性　最开始的时候，古生物学家认为鸭嘴龙生活在水里，但经过进一步的研究，现已推翻这一说法。鸭嘴龙只有在遇到攻击时，才会跳入水中脱身。

磨食"机器"　鸭嘴龙的牙齿倾斜，数量惊人，上面是如同洗衣板的磨蚀面，会交错地咬合在一起。鸭嘴龙嘴部拥有发达的关节和肌肉，令其上下颌可以灵活运动，牙齿能将坚韧的植物磨碎甚至成糊状，是一台强大无比的"磨食机"。

盔龙

★**脊冠的作用** 盔龙的鼻腔一直伸延至头冠上，可能是用来发声的，既可以彼此沟通，也可以威吓敌人。

在距今约 7700 万年至 7570 万年前的白垩纪晚期，在北美洲生活着一类大型恐龙——盔龙。盔龙长着像鸭子一样的脸，在头顶上有一个高高的盔状突起，并因此得名。盔龙性情温和，且没棘刺、利爪等防御装备，这使它们只能靠敏锐发达的视觉和听觉器官去预防捕食者的袭击。

善于游泳　古生物学家一度认为自己在盔龙的手掌及脚掌上发现了蹼，进而认定这是一种善于游泳的恐龙。不过，后来学者发现这些蹼状物，其实是肉质残留，而不是蹼。

华美的头冠　要想找到盔龙，那只脑袋上顶着"半只碟子"的就是了，这"半只碟子"是空心的骨质头冠。青年盔龙或雌性盔龙的头冠相较于成年雄性的头冠小，因为只有成年雄性盔龙的头冠才完全长成，并且在繁殖期需要变换颜色来追求异性。

沉海的化石

1912年，美国著名的古生物学家巴纳姆·布朗在加拿大的红鹿河附近发现了第一件盔龙化石标本。过了4年，即1916年，这件盔龙标本和其他恐龙化石被一同送往英国。但不幸的是，运送的船被一艘德国的武装商船击沉，那些辛苦得来的化石也就此沉进北大西洋的海底，不知何时才能重见天日。

慈母龙

那是 1978 年的夏天，年轻的霍纳和好友马凯拉来到落基山的丘窦镇寻找化石。他们来到一家专门售卖当地矿产的商店，并从店主那儿拿到了几块化石，幸运地发现了北美洲的首块恐龙胚胎化石。它们是生活在距今约 7670 万年前的白垩纪恐龙——"好妈妈"慈母龙。在此之后，霍纳与马凯拉又进行了近 10 年的艰苦探寻，最终发现了数种恐龙的巢穴、恐龙蛋和嗷嗷待哺的幼龙化石，成功完成了恐龙是如何筑巢的及恐龙间的亲子行为等新领域的课题研究，成果令全球瞩目。

名不虚传 慈母龙每次可以产下 25 颗蛋，而出生的 25 只小恐龙每天要吃掉大量的植物，可达几百斤。于是，慈母龙妈妈就需要每天不辞辛苦地寻找食物，真是无愧于"慈母龙"这个称号！

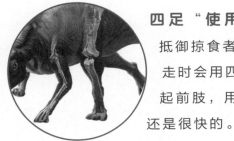

四足"使用权" 慈母龙没有特别的装备来抵御掠食者的侵袭。它的前肢比后腿短小，行走时会用四条腿走路，但是遇到敌人时就会抬起前肢，用后腿逃跑，速度还是很快的。

孵化幼崽 慈母龙喜爱群居生活，所以它们孵化宝宝的巢穴也紧密排列在一起，巢穴间的间隔大约有 7 米。每一个巢穴有呈圆形或螺旋形排列的 30 ~ 40 颗蛋。另外，慈母龙的父母不会坐在巢穴中孵化宝宝，而是在其中放入腐烂的植被，利用植被腐烂过程放出的热量孵化幼崽。

★**豹纹之尾** 短冠龙的尾巴粗壮，战斗能力非同寻常。周围还分布着类似豹纹的花纹，这些外表特征都来自科学家的研究与想象。

★**奇异的背脊** 短冠龙的背上布满了奇怪的突起，可能具有日常生活中展示的作用，用来吸引异性。

短冠龙

短冠龙是一种中型恐龙，属于鸭嘴龙类。目前已发现几组骨骼的化石，出土于美国蒙大拿州及加拿大。短冠龙逍遥自在地生活在白垩纪晚期，它有一张扁平的嘴，里面有数千颗牙齿组成的齿系，可以咬碎坚硬的植物，这种咀嚼能力相当强大。

自豪的发现 2000 年，业余的古生物学家奈特·墨菲发现了一件未成年短冠龙的骨骼化石，其关节是完全连接的，且部分木乃伊化，被叫作"莱昂纳多（Leonardo）"。它是被发现的最雄伟壮观的恐龙木乃伊之一，已被选进吉尼斯世界纪录中。

平顶骨冠
骨冠是识别短冠龙的特征，在脑袋上方形成一个平板。有些短冠龙的头冠大，而有的头冠长成短而狭窄的模样。一些研究者认为这些头冠主要起推撞作用，但它的硬度有些低。

副栉龙

白垩纪晚期的北美洲，气候温暖，河流纵横，植物繁茂，而鸟脚类的副栉龙就生活在这样一个生机盎然的地方。它们通常都是几百上千只聚在一起生活，虽然有丰富的蕨类植物可以享用，但也需时刻警惕肉食恐龙的突然袭击。

副栉龙有一个很有意思的特征，即它的头冠能够发出高、低的声调，如果发现危险，就会为同伴"报警"，进而减少族群的伤亡。副栉龙也因此以这个奇特的头冠加入著名的植食性恐龙行列。

自带"报警器" 副栉龙弯曲的头冠是中空的，其内是若干个被分层的骨腔，末端与口鼻部相连。骨腔中是空气，可以振荡发出声音。副栉龙就是通过骨腔内积累的高压气体，从而发出震耳的长鸣。

凹口的推测 在一件副栉龙的脊椎化石标本上，研究者发现一处可能是头冠碰到后背的地方。这是一个位于神经棘的凹口，学者推测这可能是该只副栉龙的病理结构。因为如果有条从头冠至脊椎凹口的韧带来支撑脑袋的话，这有点儿不实际。

家族成员的不同特点

副栉龙的中空冠饰内有一根细长的管子，从鼻孔延伸到冠饰末端，再返回到脑后，直至头颅内部。其中叫作"沃克氏"的副栉龙的管子最为简单，而"小号手"副栉龙的管子最复杂，但两者的冠饰都较弯长。此外，有些副栉龙的管子不是中空的，而是交叉分开的。

扇冠大天鹅龙

在距今约 7200 万年至 6600 万年前的俄罗斯，生活着一群头冠好似短斧的鸭嘴龙类恐龙。它们会用二足或四足行走，古生物学家将它们命名为扇冠大天鹅龙。扇冠大天鹅龙是在北美洲之外首次发现的赖氏龙类，于是有学者就做出了这样的猜想：赖氏龙类恐龙也许最开始就发源于北美洲，然后走过亚洲和北美洲的陆桥迁徙到欧亚大陆，最终定居在那里。

扇冠"发声器"

可以看到，扇冠大天鹅龙有一个奇怪的头冠，好似一把扇子。这个扇冠将脖子同荐骨相连，里面却是空的，所以当气流穿过其中时可能会发出声响，可做"发声器"使用。

长长的颈部　扇冠大天鹅龙的长脖子内有18节颈椎，超过了其他鸭嘴龙科15节颈椎的纪录。因而它会比其他鸭嘴龙类更加灵活地使用脖子，高处的植物对于它来说可以轻而易举地吃到。

高级口腔　扇冠大天鹅龙的口腔构造很复杂，不仅长有大量的可不断替换生长的牙齿，还能做出似咀嚼行为的碾碎动作。表明它拥有一个非常高级的口腔，食物会更好地被咀嚼和消化。

★**强壮的齿系** 青岛龙的牙齿还是非常有力的，它们在嘴内整齐地排列着。和其他恐龙相比，青岛龙的细腻牙齿会令植物更容易被切碎、分解，几乎不存在消化不良的问题。

★**不协调的四肢** 青岛龙前肢短于后肢，主要起支撑身体的作用。平时它们会慢悠悠地四肢着地走动，但一遇到危险，就会转变成两足奔跑，但速度不快。

青岛龙

1951年，中国古脊椎动物学奠基人、恐龙研究之父杨钟健和其他地质学者通力合作，成功挖掘出中国第一具最完整的恐龙化石，由于这副骨架的脑袋上长有棘鼻的装饰物，因而赋予其名字——棘鼻青岛龙。青岛龙不善于奔跑，也没有强有力的自卫装备，于是只能靠群居的习性来增加一定程度的安全性。

独特的"角"

要想将青岛龙同其他鸭嘴龙类恐龙相区分，脑袋上似长刺的头冠

可是最关键的部分，令它看起来就像传说中的独角兽。当然头冠可不仅仅只是个装饰物，还可能具有神经系统冷却功能和御敌能力。

管棘位置的争论

曾有一些研究学者指出，青岛龙的管棘其实是一个被放错位置的鼻骨结构，它的脑袋可能是丑陋的扁平形状。幸运的是，从后来的研究来看，青岛龙的确有一个脊冠长在脑袋上，可以不用为自己的外貌担心了。

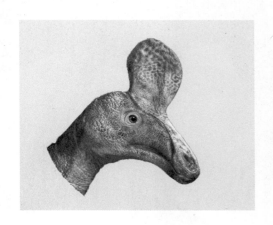

奇异龙

奇异龙是最常见的小型植食性恐龙，经常出入溪流河道，或饮水，或嬉戏。来自加拿大的古动物学家戴尔·罗素就曾在一本书中将奇异龙比作在现代生活的水豚和貘。奇异龙因其生活习性会死在河道中间或小溪附近，尸体较易被掩埋，随着地质变迁最终以化石形态展现在世人面前。

★**平坦骨板** 研究者在奇异龙的外肋骨处发现了又大又薄的平骨板，推测这个结构也许会在奇异龙呼吸的时候发挥一定作用。

神秘的身体覆盖物 奇异龙身体覆盖的是鳞片还是其他物质，目前还不明确。有学者认为它的外表面是由小鳞甲构成的装甲，但也有人认为这些物质是以不规则方式排列的表皮衍生物。

独特的后腿 奇异龙有独特的腿部构造，股骨长于胫骨，再加上较重的身体，它的行进速度可能比其他棱齿龙类恐龙还慢。

化石化的心脏 2000年，奇异龙可谓风头占尽，因为一件于美国南达科他州出土的标本，被认为有化石化的心脏。但是这标本是否拥有心脏目前还在争论中，许多学者也开始质疑此标本的原始鉴定。

开角龙

在白垩纪的晚期，北美洲被一片浅海分隔两地，开角龙就生活在这里。与三角龙一样，开角龙的"老祖宗"可能也是早白垩纪的祖尼角龙。相关研究者推测

开角龙在演化的过程中丢掉了拥有强防御力的厚重颈盾而变得中空，这使它们拥有相对较轻的身体，它们的奔跑速度被认为比任何三角龙都快。

★**发达的骨突** 开角龙的颈盾边缘上有许多小小的骨突，这些是它们分类的依据，而在古时候，这些小骨突则有协助防御或炫耀的作用。

原来是 "独角龙"

开始只发现开角龙的颈盾，于是加拿大古生物学家劳伦斯·赖博就将它归到独角龙类，叫贝氏独角龙。但在 1913 年，美国古生物学家查尔斯·斯腾伯格又找到了几块头颅骨化石，建立了开角龙属，开角龙最终开创出自己的天地。

持续进食 据相关学者推测，开角龙的生活习惯可能同牛一样，会用一整天的时间吃东西。只有这样才能获得足够的能量来满足它生长的需求。

"虚有其表" 的头盾 开角龙华丽夸张的颈盾比三角龙还大，但其实是空心的，因而学者推测其坚硬度不够，难以承受强大的冲击力。但是这个中空板可帮助减轻开角龙脖子的负担。

★**独特的头部骨骼**　华丽角龙的头骨很独特：前半头部平坦，鼻角短小；额角微微隆起；口鼻部宽广。

★**短小的"盾牌"**　方形颈盾的长为宽的两倍并向后上方倾斜，末端伸出数个向前弯曲的角。此外，在头盾边缘还有 10 个小的颈盾缘骨突，以在战斗和求偶时使用。

华丽角龙

在白垩纪晚期，北美洲被西部内陆海分成了两块大陆，并且出现了一次意义非凡的演化辐射。华丽角龙在西部内陆海道的南部，此后其分支向北迁徙，在北部形成了迷乱角龙。华丽角龙与其他恐龙最主要的区别就是它特别"爱美"，它的脑袋上布满了四处延伸的装饰物，将近有 15 个角或类似角的组织。

濒海栖息 来自华丽角龙的骨骼分析令学者们大吃一惊，因为这一物种在北美洲从未被发现过。华丽角龙非常喜欢水，主要生活在美国犹他州的沿海地区。

华丽的角 头部两侧伸出下弯的额角尖锐修长，与其他角龙类不同，它的双眼间 的前额突出一个拱形隆起，鼻角鞘似刀片一样扁平，让人不敢靠近。可想而知，这些角是用来在自卫和战斗时使用的。

戟龙

戟龙是一种大型的角龙类恐龙，生活在距今约 7550 万年至 7500 万年前的白垩纪晚期，北美洲的大平原则是它们栖息的家园。它们像古代背着"战戟"出征的战士，但它们可不会像那些将士一样远离他乡，而是一直待在温暖的家里。在遇敌时，它们会围成一圈，自觉地保护弱小的同类。

★ "利剑盾牌" 颈盾上边缘是 6 个尖锐厚重的尖刺。这面带刺盾牌可攻可守，完美地将头部保护起来。只要把脑袋用力迅速抬起，戟龙"盾牌"上的"利剑"就会狠狠地刺入敌人的胸膛之中。

尖锐的鼻角 一个 60 厘米长、15 厘米宽的大鼻角长在戟龙的鼻骨上。在攻击时，大鼻角刺进天敌体内可谓轻而易举，并在那只恐龙身上留下圆洞状的伤口，最终使其大量失血而亡。

向外撇的脚 戟龙的体长可是超过两辆轿车的长度的！所以强壮的四肢是平稳走路的必备品。向外撇脚趾则会令它更好地掌握角度、平衡身体和支撑体重。

力量的角逐 从外表上看，戟龙拥有很多的攻击武器，但是若与同类打斗，它们会避开身上的尖刺，仅仅会用壮实的肩膀进行打斗。这种"切磋"流行于大多数恐龙甚至现代动物之间，包括划分领地或争夺配偶等，纯粹是一场力量的竞争。

原角龙

尽管蒙古高原的高温能把人烤熟，但仍抵不过考察队对于探寻恐龙的极度热情，一批批完整的原角龙骨骼化石展现在他们面前，让人类更加充分地了解了这些最古老的角龙类族群。原角龙出生在东亚地区，短短的四肢和胖胖的身体，令它看起来笨拙得可爱。它比后辈朴素单纯许多，没有张牙舞爪的角，仅仅有一个颈盾，可区分于其他恐龙。

★长着"鹦鹉嘴" 原角龙窄窄的嘴好似鹦鹉喙。嘴前无牙，但两侧有牙，用以咀嚼柔嫩的枝叶和多汁的根部。

搏斗中的恐龙 20世纪70年代初，有学者在蒙古国发现了一块罕见的化石，显示一只伶盗龙正捕杀一只原角龙。多数研究者认为这两只恐龙同时死亡，也许因为沙尘暴，也许缘于沙丘坍塌，只是它们没想过会重见天日。

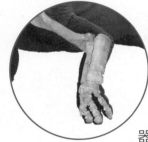

强有力的蹄爪 同大部分的陆地动物一样，原角龙用四足行走。它的4只大脚的趾端是蹄状爪，非常有力，不仅可以扎实走路，还可以当作攻击敌人的武器，一脚就可以踏伤对方。

头部盾牌 原角龙从头骨后方延伸到脖子的宽大褶边叫颈盾。这面颈盾有两个孔洞，好似我们的窗户，不仅可以减轻头部重量，还能保护脆弱的脖子免受攻击。

★硕大的颈盾　野牛龙的头顶上长有一对硕大颈盾缘骨突，主要作用是附着一组肌肉，从头后一直连接到下颌。这组肌肉就是颞肌，会带动下颌进行咬噬和咀嚼运动，令野牛龙有超强的咀嚼能力。

★酷似鹦鹉的嘴　喙骨和前齿骨组成了野牛龙的喙状嘴，骨质结构表面或包裹着角质。锋利的喙状嘴会使野牛龙轻而易举地咬断坚硬的植被。

野牛龙

当今的美国蒙大拿州在白垩纪时期，平原、沙漠和湖泊等多种生态环境交错纵横，野牛龙就是在这样的环境下生活着。它的身高不高，鼻角大幅向前伸展，行动也像犀牛一样缓慢。目前古生物学家已发现至少15头年龄不同的野牛龙化石，都保存在蒙大拿州的落基山博物馆内。

种系争议 由于野牛龙的头骨化石有多个过渡特点，所以学者一直对野牛龙在尖角龙类的种系位置存有争议。大部分学者认为它与尖角龙和戟龙是近亲，但后来也有人推测野牛龙属于厚鼻龙在演化进程中的最早期物种。

弯曲的鼻角 野牛龙的最大特征就是鼻孔上的鼻角，像一个开瓶器，前部尖锐，整个儿向下弯。试想一下野牛龙用这个鼻角刺穿其他恐龙的肚皮，也许不会使对方直接毙命，但会令对手在一段时间内丧失活动能力，等待死亡的降临。

127

牛角龙

★**坚硬的喙**　随着时间的流逝，牛角龙的嘴巴已演化成侧面紧缩的嘴，能轻松地咬断、嚼碎坚硬的植物。

1891 年，古生物学家发现了牛角龙，但只有两件不完整的头骨化石。时至今日，已有很多牛角龙化石在美国各地出土，包括怀俄明州、蒙大拿州和犹他州等地。在已发现的头骨化石中，最长的足有 2.4 米，于是这块头骨成了有史以来陆地动物中最大的头骨。

超强力量的足 牛角龙是用四肢行走的动物。由于体型庞大、身躯沉重，所以牛角龙真的像牛一样行动缓慢。但千万不要小瞧它，它的四肢可是异常有力！

巨大的头盾 牛角龙的头盾很长，在后方还生有至少5对缘骨突。试想一下，当牛角龙低下脑袋时，那壮观异常的头盾就直直地竖起来，令牛角龙瞬间长"高"。

残酷的"角斗" 有了颈盾，雄性牛角龙才能自豪地在交配季节向异性炫耀自己。为了争夺"女朋友"，雄牛角龙会叉开双腿，将角与角抵在一起，进行胜负的比拼。当然，战败的雄牛角龙只能另寻他"龙"了。

三角龙

三角龙可以说是恐龙世界的超级明星，它无人不识、无人不晓，生活在距今约 6800 万年至 6600 万年前的白垩纪晚期。然而，随着大自然环境的不断变化，恐龙的生存环境也日渐严峻起来，但角龙群却由于拥有超强的适应力最终存活下来，在冰冷无情的恐龙世界里上演着自己编写的生存剧本。三角龙是恐龙永远消失在地球前的最后部落，亲眼见证了族群的覆亡。

★**近千颗牙齿** 三角龙的嘴内排列着 432 ～ 800 颗坚硬的牙齿，牙齿上覆有珐琅质。当一些旧齿磨损到一定程度时，就会有新牙取代它。这种新旧交替的过程同鸭嘴龙类相似。

腥风血雨　化石证据显示暴龙类会以三角龙为食物，一件三角龙额头和鳞骨上都发现了暴龙的齿痕。古生物学家彼得·道森还推断，当暴龙攻击三角龙时，后者抬高前部躯体，用头上的角来反抗暴龙的攻击。

完美的"矛与盾"　三角龙的脑袋上共伸出 3 个尖角，一个是较短的鼻角，另两个则是较长的眉角（成年三角龙的眉角足有 1 米长），是它的绝佳武器。

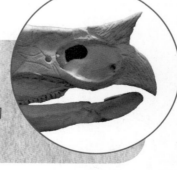

囫囵吞枣　三角龙的角质喙已经演化得与现生鹦鹉非常相似了。它们会利用这个特别的嘴在闭合的瞬间切断食物，然后直接吞咽。

★**美餐** 纤角龙与其他角龙类恐龙一样，嘴呈喙状。它们能用锐利的喙状嘴来咬下树叶或针叶。开花植物、蕨类植物、苏铁及松柏目植物都是它们的"囊中之物"。

纤角龙

白垩纪晚期，丛林遍布，各种鲜艳的花朵也已经繁盛起来，不仅为植食性动物提供了种类丰富的食物，也令地球越发鲜活起来。这时的角龙族群可以说已经庞大无比了，其中的纤角龙就活跃于北美洲西部。与近亲三角龙和牛角龙不同的是，纤角龙体型较小，头上的颈饰也不具有很强的侵略性了。

背上是什么 纤角龙从背部后半部分到尾巴中间有一排倒长的粗毛，臀部上方的刺状物最高，整体好似一个等腰三角形。这排鬃毛状结构可能只起到展示物的作用。

第三"支柱" 纤角龙的尾巴上虽然没什么特殊"工具"，但胜在又粗又长，可在遇敌时猛力抽打敌人。此外，古生物学家还发现纤角龙的尾巴是它的"第三条腿"，可靠它蹲坐来维持平衡。

埃德蒙顿甲龙

★**小小的牙齿** 埃德蒙顿甲龙的牙齿是比较原始的。从正面看，它的颊齿牙冠似叶，中间有脊状突起。另外，因为有牙釉质的保护，所以可以抵抗牙齿在咀嚼食物时所产生的磨损。

在白垩纪晚期，角龙类恐龙以其庞大的种群数量和巨角称霸陆地。但还有一批不容小觑的甲龙类恐龙落户此时，埃德蒙顿甲龙就是其中的一员。埃德蒙顿甲龙生活在距今约7650万年至6600万年前，身披厚重的装甲和尖锐的骨质棘。所以在面对劲敌袭击时，它们会用自身堪称完美的坚固攻防装备打退掠食者。所以千万不要"以貌取龙"，就是这奇怪的身体构造和超强的防御能力令埃德蒙顿甲龙成为最著名的甲龙明星。

全身防护 你可以看到，埃德蒙顿甲龙披了一身厚厚的钉状和块状甲板，脑袋上还长有一些似拼图一样紧密拼在一起的骨板，以保护它那三角形脑袋。此外，它还有装甲覆盖在脖子和身体两侧。似乎埃德蒙顿甲龙的身上没有一处可让敌人下手的地方！

尖锐的刺 埃德蒙顿甲龙的肩膀伸出 4 条长刺，而在一些标本中，有的长刺会再分叉，长出小刺。但是不论大刺还是小刺都非常尖锐，证明它们功能强大。当埃德蒙顿甲龙在夜间趴下休息时，这些保护刺会使它得到更全面、更安全的防护。

挑食的素食专家 埃德蒙顿甲龙可以说是一位挑剔的恐龙，大部分情况下它只吃一些汁液多的植物。吃东西的时候，它会用无牙的喙把嫩嫩的树叶叼下，然后用长在大嘴深处的颊齿把植物嚼个稀巴烂。可是到了旱季，它爱吃的食物都枯死了，所以只能去啃食树皮和坚韧的灌木。

包头龙

在白垩纪晚期，一群新的甲龙类战士涌现出来，并迅速划出自己的领地。它们就是包头龙，因满身的坚硬甲片和无敌的骨棘令其防御能力上升到了极致，让它在面对掠食者时可以从容面对。包头龙还是一项纪录的保持者，即拥有"最完整的甲龙化石"。

★**颠覆想象的吞食方式** 你能想到包头龙的进食方式吗？那是一种非常复杂的颌部运动，是凭借上、下排牙齿互相牵拉摩擦进行的。整个运动过程所表现的是一种缩进活动。

致命弱点

看似无懈可击，其实包头龙还是有弱点的，即它的腹部没有装甲配备，就如同现生动物箭猪一样，是它的致命弱点。所以猎食者想要吃掉它必须从柔软的腹部着手。

大侠的"流星锤" 包头龙其实是一位深藏不露的大侠，武器则是呈双蛋形的、酷似"流星锤"的尾锤。它的尾巴上生有骨化肌腱，尾锤同尾端的尾椎紧密地结合起来，可以灵活摆动。

全副包裹的鳞甲 包头龙不像它的名字那样只包装了头部装甲，而是全身覆盖着鳞甲，甚至包括眼睑，脑袋上则是呈不规则形状的鳞甲。每一片鳞甲都是由嵌入皮肤的椭圆形甲板构成，让包头龙坚不可摧。

恐龙分类

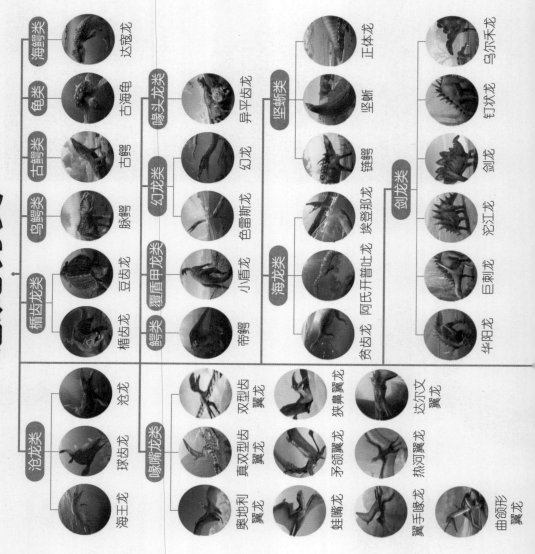

海鳄类　达戈龙
龟类　古海龟
古鳄类　古鳄
鸟鳄类　脉鳄
植齿类　豆齿龙　植齿龙
啄头龙类　异平齿龙
幻龙类　幻龙　色雷斯龙
覆甲龙类　小盾龙
鳄类　帝鳄
坚蜥类　正体龙　坚蜥　链鳄
海龙类　埃登那龙　阿氏开普吐龙　贫齿龙
乌尔禾龙
钉状龙
剑龙类　剑龙　沱江龙　巨刺龙　华阳龙
沧龙类　沧龙　球齿龙　海王龙
啄嘴龙类　双型齿翼龙　真双型齿翼龙　奥地利翼龙　狭鼻翼龙　矛颌翼龙　蛙嘴龙　达尔文翼龙　热河翼龙　翼手喙龙　曲颌形翼龙

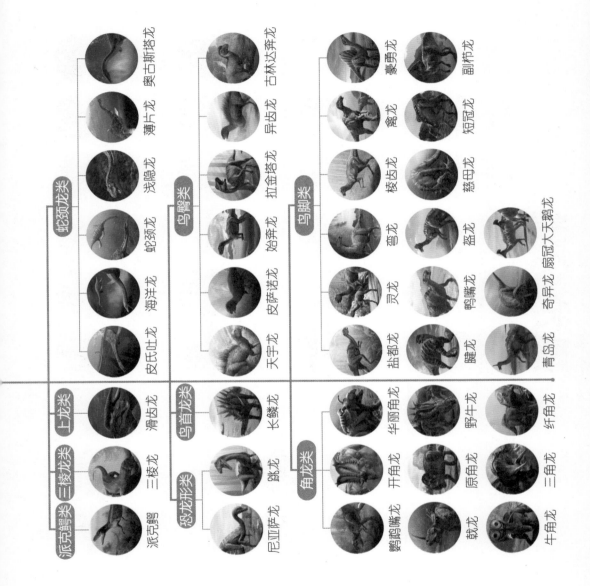

蛇颈龙类
奥古斯塔龙
薄片龙
浅隐龙
蛇颈龙
海洋龙
皮氏吐龙

鸟臀类
古林达奔龙
异齿龙
拉金塔龙
始奔龙
皮萨诺龙
天宇龙

鸟脚类
豪勇龙
副栉龙
禽龙
短冠龙
棱齿龙
慈母龙
弯龙
盔龙
扇冠大天鹅龙
灵龙
鸭嘴龙
奇异龙
盐都龙
腱龙
青岛龙

派克鳄类
上龙类
三棱龙类
派克鳄
滑齿龙
三棱龙

鸟首龙类
长鳞龙

恐龙形类
跳龙
尼亚萨龙

角龙类
华丽角龙
野牛龙
纤角龙
开角龙
原角龙
三角龙
鹦鹉嘴龙
戟龙
牛角龙

139

恐龙分类

鱼龙类
- 大眼鱼龙
- 肖尼龙
- 黔鱼龙
- 杯椎鱼龙
- 混鱼龙
- 巢湖龙

鸟颈类主龙类
- 斯克列罗龙

原龙类
- 巨爪蜥
- 高尾龙
- 沙罗夫翼龙蜥
- 巨胫龙

劳氏鳄类
- 亚利桑那龙
- 怪物龙
- 芙蓉龙
- 波斯特鳄
- 波波龙
- 梳棘龙
- 迅猛鳄
- 苏牟龙

引鳄类
- 山西鳄
- 引鳄

肿头龙类
- 龙王龙
- 肿头龙

植龙类
- 贵州龙
- 雷东达龙

肿肋龙类

兽脚类
- 太阳神龙
- 南十字龙
- 艾沃克龙
- 理理恩龙
- 埃雷拉龙
- 圣胡安龙
- 始盗龙
- 曙奔龙
- 盒龙

140

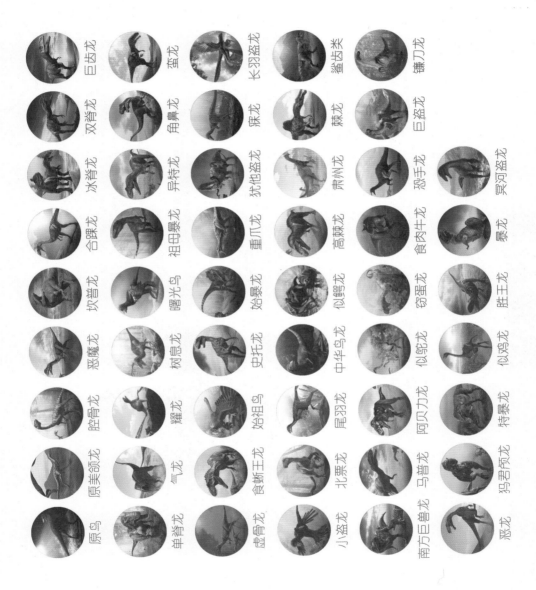

巨齿龙　蛮龙　长羽盗龙　鲨齿类　镰刀龙

双脊龙　角鼻龙　眯龙　棘龙　巨盗龙

冰脊龙　异特龙　犹他盗龙　肃州龙　恐手龙　冥河盗龙

合踝龙　祖母暴龙　重爪龙　高棘龙　食肉牛龙　暴龙

饮普龙　曙光鸟　始暴龙　似鳄龙　窃蛋龙　胜王龙

恶魔龙　树息龙　史托龙　中华鸟龙　似鸵龙　似鸡龙

腔骨龙　耀龙　始祖鸟　尾羽龙　阿贝力龙　特暴龙

原美颌龙　气龙　食娇王龙　北票龙　马普龙　玛君颅龙

原鸟　单脊龙　虚骨龙　小盗龙　南方巨兽龙　恶龙

141

恐龙分类

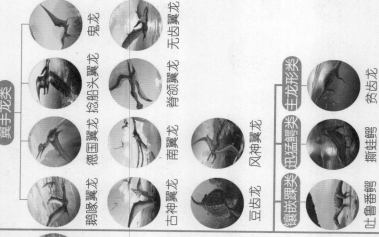

甲龙类

胶龙　葡萄牙龙　埃德蒙顿甲龙　包头龙

翼手龙类

鹅喉翼龙　德国翼龙　捻船头翼龙　鬼龙

古神翼龙　南翼龙　脊颌翼龙　无齿翼龙

豆齿龙　风神翼龙

主龙形类

镶嵌踝类　迅猛鳄类

吐鲁番鳄　撕蛙鳄　贫齿龙

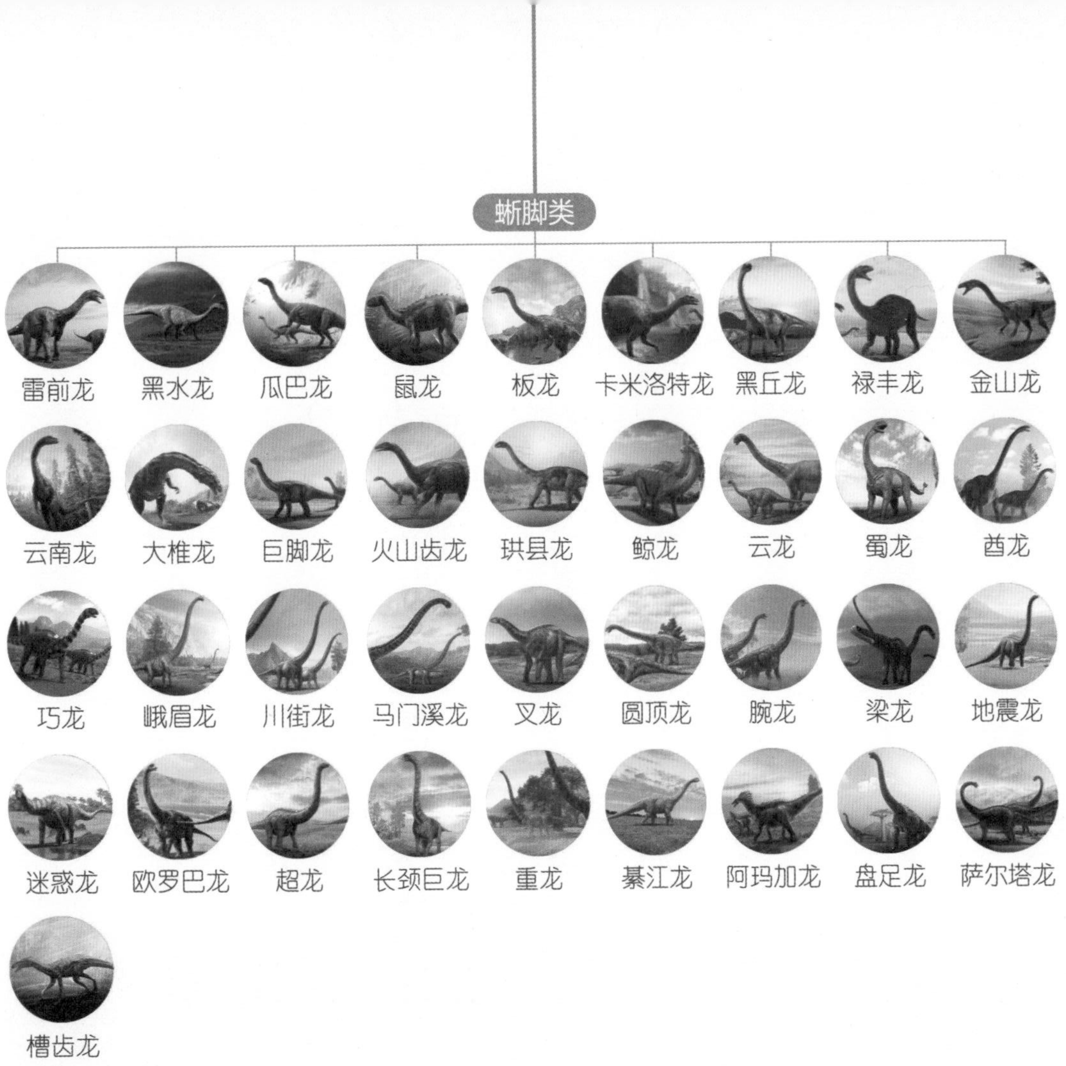

蜥脚类

金山龙 芭龙 地震龙 萨尔塔龙

禄丰龙 蜀龙 梁龙 盘足龙

黑丘龙 云龙 腕龙 阿玛加龙

卡米洛特龙 鲸龙 圆顶龙 寨江龙

板龙 珙县龙 叉龙 重龙

鼠龙 火山齿龙 马门溪龙 长颈巨龙

瓜巴龙 巨脚龙 川街龙 超龙

黑水龙 大椎龙 峨眉龙 欧罗巴龙

雷前龙 云南龙 巧龙 迷惑龙 槽齿龙

143